U0393326

中华人民共和国住房和城乡建设部

房屋建筑加固工程消耗量定额

TY 01－01(04)－2018

中 国 计 划 出 版 社

2018 北 京

图书在版编目（CIP）数据

房屋建筑加固工程消耗量定额 ：TY01-01(04)-2018 / 四川华信工程造价咨询事务所有限责任公司主编. -- 北京 ：中国计划出版社，2018.11
ISBN 978-7-5182-0948-4

Ⅰ. ①房… Ⅱ. ①四… Ⅲ. ①房屋－建筑施工－基础(工程)－加固－消耗定额 Ⅳ. ①TU723.34

中国版本图书馆CIP数据核字(2018)第249303号

房屋建筑加固工程消耗量定额
TY 01－01(04)－2018
四川华信工程造价咨询事务所有限责任公司　主编

中国计划出版社出版发行
网址：www.jhpress.com
地址：北京市西城区木樨地北里甲 11 号国宏大厦 C 座 3 层
邮政编码：100038　电话：(010) 63906433 (发行部)
北京汇瑞嘉合文化发展有限公司印刷

880mm×1230mm　1/16　8.25 印张　227 千字
2018 年 11 月第 1 版　2018 年 11 月第 1 次印刷
印数 1—6000 册

ISBN 978-7-5182-0948-4
定价：46.00 元

主编部门：中华人民共和国住房和城乡建设部

批准部门：中华人民共和国住房和城乡建设部

施行日期：2018年12月1日

住房城乡建设部关于印发
房屋建筑加固工程消耗量定额的通知

建标〔2018〕80号

各省、自治区住房城乡建设厅,直辖市建委,国务院有关部门:

为贯彻落实中央城市工作会议精神,服务城镇棚户区改造、危房和非成套住房改造工程,满足工程计价需要,我部组织编制了《房屋建筑加固工程消耗量定额》(编号为TY 01-01(04)-2018),现印发给你们,自2018年12月1日起执行。执行中遇到的问题和有关建议请及时反馈我部标准定额司。

《房屋建筑加固工程消耗量定额》由我部标准定额研究所组织中国计划出版社出版发行。

中华人民共和国住房和城乡建设部

2018年8月28日

总　说　明

一、《房屋建筑加固工程消耗量定额》(以下简称本定额)包括土石方工程、砖石工程、混凝土及钢筋混凝土工程、木结构工程、金属构件工程、屋面工程、其他工程和措施项目共八章。

二、本定额是完成规定计量单位分部分项工程、措施项目所需的人工、材料、施工机械台班的耗量标准,是各地工程造价管理机构编制加固工程定额确定消耗量,编制国有投资工程投资估算、设计概算、最高投标限价(标底)的依据。

三、本定额适用于工业与民用房屋建筑工程结构加固工程,加固工程指因地震或其他自然灾害造成房屋建筑结构损坏的修复,也适用于房屋建筑结构的改造、加固工程以及老旧小区、危房改造等加固工程。

四、本定额是依据《房屋建筑与装饰工程消耗量定额》TY 01 - 31 - 2015、《建设工程施工机械台班费用编制规则》《建设工程施工仪器仪表台班费用编制规则》(2015 版)、《建筑抗震加固建设标准》建标 158 - 2011 以及国家现行的有关法律、法规和政策文件编制的。

五、消耗量标准:

本定额的消耗量标准是根据国家现行设计标准、施工质量验收规范和安全技术操作规程,以正常的施工条件、合理的施工组织设计、施工工期、施工工艺为基础,结合施工技术水平和施工机械装备程度进行编制的,考虑了加固工程施工现场狭窄、零星分散、运输困难、保护原有建筑物对施工造成影响等因素。因此,除定额允许调整者外,定额中的消耗量不得变动。

六、项目的借用:

1. 本定额未编制加固的拆除项目,按《房屋修缮工程消耗量定额》相应项目执行。

2. 泵送(固定泵、泵车)混凝土定额按《房屋建筑与装饰工程消耗量定额》TY 01 - 31 - 2015 相应项目执行。

3. 本定额借用其他专业定额时,由于地域差异,各地自行考虑人工和机械降效和材料耗量增加。如仍缺项的,应编制补充定额,并按有关规定报住建部备案。

七、定额各项目均包括了搭拆 3.6m 以内的简易脚手架,超过上述高度需要支搭脚手架时,执行脚手架工程相应定额。

八、关于人工:

1. 本定额的人工是以合计工日表示,并分别列出普工、一般技工和高级技工的工日消耗量。

2. 本定额的人工包括基本用工、超运距用工、辅助用工和人工幅度差。

3. 本定额的人工按每工日 8 小时工作制计算。

九、关于材料:

1. 本定额采用的材料(包括零件、半成品、成品)均为符合国家标准和相应设计要求的合格产品。

2. 本定额中的材料包括施工中消耗的主要材料、辅助材料、周转材料和其他材料。

3. 本定额中材料消耗量包括净用量和损耗量。损耗量包括从工地仓库、现场集中堆放地点(或现场加工地点)至操作(或安装)地点的施工场内运输损耗、施工操作损耗、施工现场堆放损耗等。规范(设计文件)规定的预留量、搭接量不在损耗中考虑。

4. 本定额按预拌混凝土编制,实际采用现场搅拌混凝土浇捣,具体调整如下:

(1)人工增加 0.6764 工日/m^3(其中普工 0.203 工日,一般技工 0.4058 工日,高级技工 0.0676 工日);

(2)水增加 0.038m^3/m^3;

(3)混凝土搅拌机(500L)增加 0.03 台班/m^3。

5. 本定额所使用的砂浆均按干混预拌砂浆编制,若实际使用现拌砂浆或湿拌预拌砂浆时,按以下方法调整：

(1)使用现拌砂浆的，除将定额中的干混预拌砂浆调换为现拌砂浆外，砌筑定额按每立方米砂浆增加：一般技工 0.382 工日、200L 灰浆搅拌机 0.167 台班，同时，扣除原定额中干混砂浆罐式搅拌机台班；砌筑以外其余定额按每立方米砂浆增加一般技工 0.382 工日，同时，将原定额中干混砂浆罐式搅拌机调换为 200L 灰浆搅拌机，台班含量不变。

(2)使用湿拌预拌砂浆的，除将定额中的干混预拌砂浆调换为湿拌预拌砂浆外，另按相应定额中每立方米砂浆扣除一般技工 0.20 工日，并扣除干混砂浆罐式搅拌机台班数量。

十、关于施工机械：

1. 施工机械的类型、规格按常用机械、合理机械配备和施工企业机械化装备程度综合取定。

2. 本定额机械台班消耗量按正常机械施工工效并考虑机械幅度差综合确定。

3. 凡单位价值 2000 元以内、使用年限在一年以内的不构成固定资产的施工机械，不列入机械台班消耗量，作为工具用具在建筑安装工程费中的企业管理费考虑，其消耗的燃料动力等已列入材料内。

十一、其他说明：

1. 定额中涉及的“拆换”项目是指拆除后更换新构件的所有费用。

2. 本定额未包含保护原有建筑物的费用。

3. 本定额中使用到两个或两个以上系数时，按连乘法计算。

4. 本定额中注有“××以内”或“××以下”及“小于”者，均包括“××”本身，“××以外”或“××以上”及“大于”者，则不包括“××”本身。

5. 定额说明中未注明(或省略)尺寸单位的宽度、厚度、断面等，均以“mm”为单位。

十二、凡本说明未尽事宜，详见各章说明。

目　　录

第七章　其他工程

第八章　措施项目

第一章　土石方工程

说　　明

一、本章定额包括土方工程、石方工程、回填及其他共三节。

二、土壤及岩石分类：

1. 本章土壤按一、二类土，三类土，四类土分类，其具体分类见下表。

土壤分类表

土壤分类	土 壤 名 称	开 挖 方 法
一、二类土	粉土、砂土(粉砂、细砂、中砂、粗砂、砾砂)、粉质黏土、弱中盐渍土、软土(淤泥质土、泥炭、泥炭质土)、软塑红黏土、冲填土	用锹，少许用镐、条锄开挖。机械能全部直接铲挖满载者
三类土	黏土、碎石土(圆砾、角砾)混合土、可塑红黏土、硬塑红黏土、强盐渍土、素填土、压实填土	主要用镐、条锄，少许用锹开挖。机械需部分刨松方能铲挖满载者，或可直接铲挖但不能满载者
四类土	碎石土(卵石、碎石、漂石、块石)、坚硬红黏土、超盐渍土、杂填土	全部用镐、条锄挖掘，少许用撬棍挖掘。机械需普遍刨松方能铲挖满载者

2. 本章岩石按极软岩、软岩、较软岩、较硬岩、坚硬岩分类，其具体分类见下表。

岩石分类表

岩石分类		代表性岩石	开挖方法
极软岩		1. 全风化的各种岩石； 2. 各种半成岩	部分用手凿工具、部分用爆破法开挖
软质岩	软岩	1. 强风化的坚硬岩或较硬岩； 2. 中等风化～强风化的较软岩； 3. 未风化～微风化的页岩、泥岩、泥质砂岩等	用风镐和爆破法开挖
	较软岩	1. 中等风化～强风化的坚硬岩或较硬岩； 2. 未风化～微风化的凝灰岩、千枚岩、泥灰岩、砂质泥岩等	用爆破法开挖
硬质岩	较硬岩	1. 微风化的坚硬岩； 2. 未风化～微风化的大理岩、板岩、石灰岩、白云岩、钙质砂岩等	用爆破法开挖
	坚硬岩	未风化～微风化的花岗岩、闪长岩、辉绿岩、玄武岩、安山岩、片麻岩、石英岩、石英砂岩、硅质砾岩、硅质石灰岩等	用爆破法开挖

三、干土、湿土、淤泥的划分：

干土、湿土的划分以地质勘测资料的地下常水位为准。地下常水位以上为干土，以下为湿土。

地表水排出后，土壤含水率≥25%时为湿土。

含水率超过液限，土和水的混合物呈现流动状态时为淤泥。

温度在0℃及以下并夹含有冰的土壤为冻土。本章定额中的冻土指短时冻土和季节冻土。

四、沟槽、基坑、一般土石方的划分：

底宽(设计图示垫层或基础的底宽,下同)≤7m 且底长 >3 倍底宽为沟槽;底长≤3 倍底宽且底面积≤150m^2为基坑;超出上述范围又非平整场地的,为一般土石方。

五、人工挖一般土方、沟槽、基坑深度是按≤3m 考虑的,开挖深度超过 3m 时,3m <深度≤5m 时,按定额项目人工乘以系数 1.3;5m <深度≤7m 时,按定额项目人工乘以系数 1.43。

六、小型挖掘机系指斗容量≤0.30m^3 的挖掘机,小型挖掘机挖土方项目已综合了挖掘机挖土方和挖掘机挖土后,基底和边坡遗留厚度≤0.3m 的人工清理和修整,使用时不得调整。

七、土方项目按干土编制。人工挖、运湿土时,相应项目人工乘以系数 1.18;机械挖、运湿土时,相应项目人工、机械乘以系数 1.15。

八、土石方运输:

1. 本章土石方运输按施工现场范围内运输编制。弃土外运以及弃土处理等其他费用按各地的有关规定执行。

2. 土石方运距按挖土区重心至填方区(或堆放区)重心间的最短距离计算。

3. 人工、人力车、汽车的负载上坡(坡度≤15%)降效因素已综合在相应运输项目中,不另计算。推土机、装载机负载上坡时,其降效因素按坡道斜长乘以下表相应系数计算。

重车上坡降效系数表

坡度(%)	5~10	≤15	≤20	≤25
系数	1.75	2.00	2.25	2.50

九、回填定额均综合了人工夯和机夯的因素,不论使用何种操作方式执行本定额均不做调整。

十、单位工程的灰土回填工程量在 2m^3 以内者,执行零星灰土回填定额。

十一、回填灰土、回填零星灰土均按 3∶7 灰土考虑,若灰土配比不同,可以换算。

十二、本章未包括现场障碍物清除、地下常水位以下的施工降水、土石方开挖过程中的地表水排除与边坡支护,实际发生时,另行处理。

十三、本章土方开挖未包含设置挡土板,费用可根据具体情况按本定额有关措施项目另行计算。

工程量计算规则

一、土石方的开挖、运输均按开挖前的天然密实体积计算。土方回填按回填后的竣工体积计算。不同状态的土石方体积按下表换算。

土石方体积换算系数表

名称	虚方	松填	天然密实	夯填
土方	1.00 1.20 1.30 1.50	0.83 1.00 1.08 1.25	0.77 0.92 1.00 1.15	0.67 0.80 0.87 1.00
石方	1.00 1.18 1.54	0.85 1.00 1.31	0.65 0.76 1.00	— — —
块石	1.75	1.43	1.00	(码方)1.67
砂夹石	1.07	0.94	1.00	—

二、基础施工的工作面宽度按施工组织设计(经批准,下同)计算,施工组织设计无规定时,按下列规定计算:

1. 当组成基础的材料不同或施工方式不同时,基础施工的工作面宽度按下表计算。

基础施工工作面宽度计算表

基 础 材 料	每面增加工作面宽度(mm)
砖基础	200
毛石、方整石基础	250
混凝土基础(支模板)	400
混凝土基础垫层(支模板)	150
基础垂直面做砂浆防潮层	400(自防潮层面)
基础垂直面做防水层	1000(防水层面)
支挡土板	100(另加)

2. 基础施工需要搭设脚手架时,基础施工的工作面宽度,条形基础按1.50m计算(只计算一面),独立基础按0.45m计算(四面均计算)。

3. 基坑土方大开挖需做边坡支护时,基础施工的工作面宽度按2.00m计算。

三、基础土方的放坡:

1. 土方放坡的起点深度和放坡坡度按施工组织设计计算,施工组织设计无规定时,按下表计算。

土方放坡起点深度和放坡坡度表

土壤类别	起点深度(＞m)	放坡坡度			
		人工挖土	机械挖土		
			基坑内作业	基坑上作业	沟槽上作业
一、二类土	1.20	1∶0.50	1∶0.33	1∶0.75	1∶0.50
三类土	1.50	1∶0.33	1∶0.25	1∶0.67	1∶0.33
四类土	2.00	1∶0.25	1∶0.10	1∶0.33	1∶0.25

2. 基础土方放坡自基础(含垫层)底标高算起。

3. 混合土质的基础土方,其放坡的起点深度和放坡坡度按不同土类厚度加权平均计算。

4. 计算基础土方放坡时,不扣除放坡交叉处的重复工程量。

四、沟槽土石方按设计图示沟槽长度乘以沟槽断面面积以体积计算。

1. 条形基础的沟槽长度按设计规定计算,设计无规定时,按下列规定计算:

(1)外墙沟槽按外墙中心线长度计算。突出墙面的墙垛按墙垛突出墙面的中心线长度并入相应工程量内计算。

(2)内墙沟槽、框架间墙沟槽按基础(含垫层)之间垫层(或基础底)的净长度计算。

2. 沟槽的断面面积应包括工作面宽度、放坡宽度或石方允许超挖量的面积。

五、基坑土石方按设计图示基础(含垫层)尺寸,另加工作面宽度、土方放坡宽度或石方允许超挖量乘以开挖深度,以体积计算。

六、一般土石方按设计图示基础(含垫层)尺寸,另加工作面宽度、土方放坡宽度或石方允许超挖量乘以开挖深度,以体积计算。机械施工坡道的土石方工程量并入相应工程量内计算。

七、挖淤泥流砂以实际挖方体积计算。

八、人工挖(含爆破后挖)冻土按设计图示尺寸,另加工作面宽度,以体积计算。

九、挖灰土以实际挖方体积计算。

十、回填及其他:

1. 原土夯实按施工组织设计规定的尺寸,以面积计算。施工组织无规定时,按实际发生面积计算。

2. 回填按下列规定以体积计算:

(1)沟槽、基坑回填按挖方体积减去设计室外地坪以下建筑物、基础(含垫层)的体积计算;

(2)房心回填按主墙净面积(扣除连续底面积 $2m^2$ 以上的设备基础等面积)乘以回填厚度以体积计算;

(3)回填灰土、零星灰土、砂夹石、三合土、砂的工程量均按夯实后的体积计算。

3. 基底钎探以垫层(或基础)底面积计算。

十一、土方运输:挖土总体积减去回填土(折合天然密实体积),总体积为正,则为余土外运;总体积为负,则为取土内运。

一、土 方 工 程

工作内容:挖土,弃土于槽、坑边5m以内或装土,修整边底。

计量单位:$10m^3$

定额编号			1-1	1-2	1-3	1-4	1-5	1-6
项目			人工挖沟槽土方			人工挖基坑土方		
			挖深≤3m					
			一、二类土	三类土	四类土	一、二类土	三类土	四类土
名称		单位	消耗量					
人工	合计工日	工日	3.024	4.968	7.020	3.456	5.940	7.776
	普工	工日	3.024	4.968	7.020	3.456	5.940	7.776

工作内容:挖土,弃土于5m以内或装土,修整边底。

计量单位:$10m^3$

定额编号			1-7	1-8	1-9
项目			人工挖一般土方		
			挖深≤3m		
			一、二类土	三类土	四类土
名称		单位	消耗量		
人工	合计工日	工日	1.944	3.456	4.644
	普工	工日	1.944	3.456	4.644

工作内容:1. 挖灰土,弃灰土于5m以内或装灰土,修整边底;

2. 挖泥砂,弃泥砂于5m以内或装泥砂,修整边底。

计量单位:$10m^3$

定额编号			1-10	1-11
项目			人工挖灰土	人工挖淤泥流砂
名称		单位	消耗量	
人工	合计工日	工日	12.960	9.072
	普工	工日	12.960	9.072

工作内容:挖冻土,弃土于5m以内或装冻土,修整边底。

计量单位:$10m^3$

定额编号			1-12
项目			人工挖冻土
名称		单位	消耗量
人工	合计工日	工日	11.712
	普工	工日	11.712

工作内容:装土,清理车下余土。

计量单位:$10m^3$

定额编号			1-13
项目			人工装车
			土方
名称		单位	消耗量
人工	合计工日	工日	1.372
	普工	工日	1.372

工作内容:装土,运土,弃土。 **计量单位**:10m³

定额编号			1-14	1-15	1-16	1-17
项目			人工运土方		人力车运土方	
			运距≤20m	运距≤200m,每增运20m	运距≤50m	运距≤500m,每增运50m
名称		单位	消耗量			
人工	合计工日	工日	2.027	0.424	1.462	0.353
	普工	工日	2.027	0.424	1.462	0.353

工作内容:装泥砂,运泥砂,弃泥砂。 **计量单位**:10m³

定额编号			1-18	1-19	1-20	1-21
项目			人工运淤泥流沙		人力车运淤泥流沙	
			运距≤20m	运距≤200m,每增运20m	运距≤50m	运距≤500m,每增运50m
名称		单位	消耗量			
人工	合计工日	工日	3.166	0.666	2.289	0.555
	普工	工日	3.166	0.666	2.289	0.555

工作内容:挖土、装土,弃土于5m以内,清理机下余土;人工清底修边。 **计量单位**:10m³

定额编号			1-22	1-23	1-24
项目			小型挖掘机挖、装土方		
			一、二类土	三类土	四类土
名称		单位	消耗量		
人工	合计工日	工日	0.841	0.888	0.935
	普工	工日	0.841	0.888	0.935
机械	履带式推土机 75kW	台班	0.042	0.046	0.056
	履带式单斗挖掘机液压 斗容量0.3m³	台班	0.046	0.052	0.062

工作内容:挖、装泥砂,弃泥砂于5m以内或装车,清底修边;清理机下余泥。 **计量单位**:10m³

定额编号			1-25
项目			小型挖掘机挖淤泥流砂
名称		单位	消耗量
人工	合计工日	工日	1.137
	普工	工日	1.137
机械	抓铲挖掘机 斗容量0.5m³	台班	0.086

工作内容:1. 装土,清理车下余土;
2. 运土,弃土,维护行驶道路。

计量单位:10m^3

定额编号			1-26	1-27	1-28	1-29	1-30	1-31
项目			挖掘机装车	装载机装车	机动翻斗车运土方		自卸汽车运土方	
			土方		运距≤100m	运距≤500m 每增运 100m	运距≤1km	每增运 1km
名称		单位	消耗量					
人工	合计工日	工日	0.058	0.058	—	—	0.029	—
	普工	工日	0.058	0.058	—	—	0.029	—
机械	轮胎式装载机 1.5m^3	台班	—	0.024	—	—	—	—
	自卸汽车 15t	台班	—	—	—	—	0.062	0.015
	履带式单斗液压挖掘机 1m^3	台班	0.016	—	—	—	—	—
	履带式推土机 75kW	台班	0.015	—	—	—	—	—
	机动翻斗车 1t	台班	—	—	0.637	0.070	—	—

工作内容:装泥砂,运泥砂,弃泥砂;清理机下余泥,维护行驶道路。

计量单位:10m^3

定额编号			1-32	1-33
项目			泥浆罐车运淤泥流砂	
			运距≤1km	每增运 1km
名称		单位	消耗量	
人工	合计工日	工日	3.880	—
	普工	工日	3.880	—
机械	泥浆罐车 5000L	台班	1.086	0.161
	泥浆泵 100mm	台班	0.366	—

二、石方工程

工作内容:凿石,清渣攒堆或装车,清底修边。

计量单位:10m^3

定额编号			1-34	1-35	1-36	1-37	1-38
项目			人工凿一般石方				
			极软岩	软岩	较软岩	较硬岩	坚硬岩
名称		单位	消耗量				
人工	合计工日	工日	5.783	7.308	9.235	21.113	35.601
	普工	工日	5.783	7.308	9.235	21.113	35.601

工作内容:凿石,清渣攒堆或装车,清底修边。

计量单位:10m^3

定额编号			1-39	1-40	1-41	1-42	1-43
项目			人工凿沟槽石方				
			极软岩	软岩	较软岩	较硬岩	坚硬岩
名称		单位	消耗量				
人工	合计工日	工日	6.333	10.036	15.922	36.909	60.809
	普工	工日	6.333	10.036	15.922	36.909	60.809

工作内容：凿石，清渣攒堆或装车，清底修边。　　计量单位：10m³

定额编号			1-44	1-45	1-46	1-47	1-48
项目			人工凿基坑石方				
			极软岩	软岩	较软岩	较硬岩	坚硬岩
名称		单位	消耗量				
人工	合计工日	工日	6.507	10.347	26.132	51.010	77.654
	普工	工日	6.507	10.347	26.132	51.010	77.654

工作内容：挖渣，弃渣于5m以内或装渣。　　计量单位：10m³

定额编号			1-49	1-50
项目			人工清石渣	
			一般石方	槽坑
名称		单位	消耗量	
人工	合计工日	工日	2.147	3.157
	普工	工日	2.147	3.157

工作内容：装渣，清理车下余渣。　　计量单位：10m³

定额编号			1-51
项目			人工装车
			石渣
名称		单位	消耗量
人工	合计工日	工日	1.835
	普工	工日	1.835

工作内容：装渣，运渣，弃渣。　　计量单位：10m³

定额编号			1-52	1-53	1-54	1-55
项目			人工运石渣		人力车运石渣	
			运距≤20m	运距≤200m，每增运20m	运距≤50m	运距≤500m，每增运50m
名称		单位	消耗量			
人工	合计工日	工日	2.985	0.625	2.148	0.353
	普工	工日	2.985	0.625	2.148	0.353

工作内容：装卸机头，机械移动，破碎岩石。　　计量单位：10m³

定额编号			1-56	1-57	1-58	1-59	1-60
项目			液压锤破碎石方				
			极软岩	软岩	较软岩	较硬岩	坚硬岩
名称		单位	消耗量				
人工	合计工日	工日	0.357	0.458	0.695	0.988	1.406
	普工	工日	0.357	0.458	0.695	0.988	1.406
机械	履带式单斗液压挖掘机 1m³	台班	0.200	0.256	0.389	0.553	0.787
	液压锤 HM960	台班	0.200	0.256	0.389	0.553	0.787

工作内容:风镐破碎岩石清渣攒堆,清底修边。

计量单位:10m³

定额编号			1-61
项目			风镐破碎石方
名称		单位	消耗量
人工	合计工日	工日	31.590
	普工	工日	31.590
材料	合金钢钻头 一字形	个	0.248
	六角空心钢(综合)	kg	0.397
	高压风管 φ25 - 6P - 20m	m	0.050
机械	手持式风动凿岩机	台班	19.867
	电动空气压缩机 9m³/min	台班	3.096

工作内容:1. 挖渣,弃渣于5m以内,清理机下余渣;

2. 挖渣,装渣,清理机下余渣。

计量单位:10m³

定额编号			1-62	1-63
项目			挖掘机挖石渣	挖掘机挖装石渣
名称		单位	消耗量	
人工	合计工日	工日	0.077	0.100
	普工	工日	0.077	0.100
机械	履带式推土机 75kW	台班	0.004	0.053
	履带式单斗液压挖掘机 0.6m³	台班	0.041	0.044

工作内容:1. 装渣,清理机下余渣;

2. 运渣,弃渣,维护行驶道路。

计量单位:10m³

定额编号			1-64	1-65	1-66	1-67	1-68	1-69
项目			装载机装车	挖掘机装车	机动翻斗车运石渣		自卸汽车运石渣	
			石渣		运距≤100m	运距≤500m 每增运100m	运距≤1km	每增运1km
名称		单位	消耗量					
人工	合计工日	工日	0.077	0.077	—	—	0.029	—
	普工	工日	0.077	0.077	—	—	0.029	—
机械	轮胎式装载机 1.5m³	台班	0.037	—	—	—	—	—
	履带式单斗液压挖掘机 1m³	台班	—	0.034	—	—	—	—
	履带式推土机 75kW	台班	—	0.040	—	—	—	—
	机动翻斗车 1t	台班	—	—	1.667	0.143	—	—
	自卸汽车 5t	台班	—	—	—	—	0.120	0.028

三、回填及其他

工作内容:碎土,5m内就地取土,回填,找平,夯实。

计量单位:10m³

定额编号			1-70	1-71
项目			夯填土	
			房心、地坪	沟槽、基坑
名称		单位	消耗量	
人工	合计工日	工日	2.244	3.366
	普工	工日	2.244	3.366

工作内容:打夯,平整。 **计量单位**:100m²

定额编号			1-72
项目			原土夯实
名称		单位	消耗量
人工	合计工日	工日	1.442
	普工	工日	1.442

工作内容:1. 钎孔布置,打钎,拔钎,灌砂堵眼;
2. 筛碎土,5m 内就地取土,筛土。

定额编号			1-73	1-74
项目			基底钎探	筛土
计量单位			100m²	10m³
名称		单位	消耗量	
人工	合计工日	工日	4.034	3.552
	普工	工日	4.034	3.552
材料	烧结煤矸石普通砖 240×115×53	千块	0.029	—
	钢钎 ϕ22~25	kg	8.173	—
	中粗砂	m³	0.251	—
	水	m³	0.050	—
机械	轻便钎探器	台班	0.872	—

工作内容:回填、找平、洒水、夯实。 **计量单位**:10m³

定额编号			1-75	1-76
项目			回填砂夹石	
			天然级配	人工级配
名称		单位	消耗量	
人工	合计工日	工日	4.735	5.862
	普工	工日	4.735	5.862
材料	天然砂石	m³	12.370	—
	砾石 20	m³	—	9.110
	水	m³	0.300	—
	天然砂 细砂	m³	—	4.970
机械	夯实机电动 20~62N·m	台班	0.800	0.800

工作内容:运土、筛除砖石瓦砾、回填、找平、夯实,灰土拌和等。 **计量单位**:10m³

定额编号			1-77	1-78
项目			回填灰土	
			灰土	零星灰土
名称		单位	消耗量	
人工	合计工日	工日	13.800	22.200
	普工	工日	13.800	22.200
材料	灰土 3:7	m³	10.200	10.200

工作内容：回填，找平压（夯）实。　　　　**计量单位**：$10m^3$

定额编号			1-79	1-80
项目			回填	
			三合土	砂
名称		单位	消耗量	
人工	合计工日	工日	9.767	3.528
	普工	工日	9.767	3.528
材料	三合土 碎石 1:4:8	m^3	10.200	—
	砂子	m^3	—	11.526
机械	电动夯实机 250N·m	台班	0.677	0.172

第二章　砖 石 工 程

说　明

一、本章定额包括砖砌体、石砌体和砌体加固共三节。

二、本定额中砖的规格如下所示，如实际使用其他规格的砖，应进行换算：

标准砖：240mm × 115mm × 53mm；

空心砖：240mm × 240mm × 115mm；

多孔砖：240mm × 115mm × 90mm。

三、基础与墙（柱）身的划分：

（一）砖基础与砖墙（柱）身的划分：

1. 基础与墙（柱）身使用同一种材料时，以设计室内地面为界（有地下室者，以地下室室内设计地面为界），以下为基础，以上为墙（柱）身。

2. 基础与墙（柱）身使用不同材料时，位于设计室内地面高度≤ ±300mm 时，以不同材料为分界线，高度 > ±300mm 时，以设计室内地面为分界线。

（二）石基础、石勒脚、石墙的划分：基础与勒脚应以设计室外地坪为界，勒脚与墙身应以设计室内地面为界。

四、砌砖墙定额中已包括钢筋砖过梁、平碹和立门窗框的校正用工，以及腰线、窗台线、挑檐线等一般出线、垫头等用工。

五、零星砖砌体适用于单处体积≤0.1m^3 的砌筑。

六、本定额中除各项有规定及说明外，均包括场内材料转运、淋洗砖石、递砖选石、砍砖和石料的简单剔打等全部操作过程。

七、砖砌体内钢筋加固执行本定额第三章“混凝土及钢筋混凝土工程”中钢筋工程定额项目。

八、砂浆面层加固墙体如采用纤维砂浆、树脂砂浆，可在相应定额项目材料中增加材料，消耗量根据设计要求掺入量确定，定额人工、机械不做调整。

九、钢筋（丝）网砂浆面层加固墙体定额项目未包含钻孔、堵孔、锚固钢筋、对拉钢筋、钢筋（丝）网制作、安装，发生时执行本定额第三章“混凝土及钢筋混凝土工程”相应定额项目。

十、砂浆面层加固墙体定额项目已含刷（喷）素水泥浆，如涂刷界面剂应将水泥浆换为界面结合剂，定额人工、机械不做调整。

工程量计算规则

一、标准砖墙厚度按下表计算。

标准砖墙厚度

墙厚	1/2	1	3/2	2	5/2	3
计算厚度(mm)	115	240	365	490	615	740

二、砖石基础、砖墙、零星砖砌体按实砌体积计算,应扣除嵌入的柱、梁、现浇带以及单个面积 $>0.3m^2$ 的孔洞所占体积,不扣除伸入的梁头、板头所占的体积。凸出墙面的砖垛并入墙体体积计算。

三、砖垛、三匹砖以上的腰线和挑檐的体积并入所依附的墙身体积计算。

四、砖柱按柱基、柱身分别以“m^3”计算,应扣除混凝土及梁垫,但不扣除伸入柱内的梁头、板头所占的体积。

五、水泥砂浆加固墙面按加固墙面面积计算,不扣除面积 $\leq 0.3m^2$ 孔洞所占面积,附墙柱侧面和洞口、空圈侧壁并入工程量内计算。

六、砌体压力灌缝按裂缝长度以延长米计算。

一、砖　砌　体

工作内容：清理槽、坑，调、运、铺砂浆，运、砌砖。　　**计量单位：**$10m^3$

定额编号				2-1
项目				砖基础
名称			单位	消耗量
人工	合计工日		工日	11.993
	其中	普工	工日	2.586
		一般技工	工日	8.063
		高级技工	工日	1.344
材料	烧结煤矸石普通砖 240×115×53		千块	5.262
	干混砌筑砂浆 DM M10		m^3	2.399
	水		m^3	1.050
	其他材料费		%	0.540
机械	干混砂浆罐式搅拌机		台班	0.240

工作内容：清理基层，调、运砂浆，抹防水砂浆。　　**计量单位：**m^2

定额编号				2-2
项目				基础防潮
				抹防水砂浆
名称			单位	消耗量
人工	合计工日		工日	0.119
	其中	普工	工日	0.029
		一般技工	工日	0.077
		高级技工	工日	0.013
材料	干混防水砂浆 DM M10		m^3	0.023
	防水粉		kg	0.400
	水		m^3	0.011
机械	干混砂浆罐式搅拌机		台班	0.003

工作内容：调、运、铺砂浆，运、砌砖，安放木砖、垫块。　　**计量单位：**$10m^3$

定额编号				2-3	2-4	2-5	2-6	2-7
项目				单面清水砖墙				
				1/2 砖	3/4 砖	1 砖	1 砖半	2 砖及 2 砖以上
名称			单位	消耗量				
人工	合计工日		工日	21.726	21.239	20.919	19.622	19.531
	其中	普工	工日	5.225	5.108	5.031	4.719	4.697
		一般技工	工日	14.081	13.765	13.558	12.717	12.658
		高级技工	工日	2.420	2.366	2.330	2.186	2.176
材料	标准砖 240×115×53		千块	5.585	5.456	5.337	5.290	5.254
	干混砌筑砂浆 DM M10		m^3	1.978	2.163	2.313	2.440	2.491
	水		m^3	1.130	1.100	1.060	1.070	1.060
	其他材料费		%	0.540	0.540	0.540	0.540	0.540
机械	干混砂浆罐式搅拌机		台班	0.198	0.217	0.232	0.244	0.249

工作内容:调、运、铺砂浆,运、砌砖,安放木砖、垫块。 计量单位:10m³

定额编号				2-8	2-9	2-10	2-11	2-12	2-13
项目				混水砖墙					
				1/4 砖	1/2 砖	3/4 砖	1 砖	1 砖半	2 砖及2 砖以上
名称			单位	消耗量					
人工	合计工日		工日	27.380	19.604	19.221	18.793	17.772	17.239
	其中	普工	工日	6.585	4.715	4.623	4.520	4.274	4.310
		一般技工	工日	17.745	12.705	12.457	12.180	11.518	11.033
		高级技工	工日	3.050	2.184	2.141	2.093	1.980	1.896
材料	标准砖 240×115×53		千块	6.100	5.585	5.456	5.377	5.290	5.254
	干混砌筑砂浆 DM M10		m³	1.199	1.978	2.163	2.313	2.440	2.491
	水		m³	1.230	1.130	1.100	1.060	1.070	1.060
	其他材料费		%	0.540	0.540	0.540	0.540	0.540	0.540
机械	干混砂浆罐式搅拌机		台班	0.120	0.198	0.217	0.232	0.244	0.249

工作内容:调、运、铺砂浆,运、砌砖,安放木砖、垫块。 计量单位:10m³

定额编号				2-14	2-15	2-16	2-17
项目				多孔砖墙			
				1/2 砖	1 砖	1 砖半	2 砖及 2 砖以上
名称			单位	消耗量			
人工	合计工日		工日	12.860	11.995	11.221	11.191
	其中	普工	工日	3.358	2.966	2.693	2.663
		一般技工	工日	8.144	7.740	7.309	7.310
		高级技工	工日	1.358	1.289	1.219	1.218
材料	烧结多孔砖 240×115×90		千块	3.548	3.397	3.354	3.330
	干混砌筑砂浆 DM M10		m³	1.496	1.892	2.013	2.079
	水		m³	1.210	1.170	1.150	1.140
	其他材料费		%	0.360	0.360	0.360	0.360
机械	干混砂浆罐式搅拌机		台班	0.149	0.189	0.202	0.208

工作内容:调、运、铺砂浆,运、砌砖,安放木砖、垫块。 计量单位:10m³

定额编号				2-18	2-19	2-20	2-21
项目				空心砖墙			
				1/2 砖	1 砖	1 砖半	2 砖及 2 砖以上
名称			单位	消耗量			
人工	合计工日		工日	12.620	10.329	9.065	9.038
	其中	普工	工日	3.486	2.654	2.228	2.198
		一般技工	工日	7.829	6.579	5.861	5.864
		高级技工	工日	1.305	1.096	0.976	0.976
材料	烧结煤矸石空心砖 240×240×115		千块	1.433	1.370	1.354	1.345
	干混砌筑砂浆 DM M10		m³	0.894	1.332	1.471	1.539
	水		m³	1.100	1.030	1.030	1.020
	其他材料费		%	0.570	0.570	0.570	0.570
机械	干混砂浆罐式搅拌机		台班	0.089	0.133	0.147	0.154

工作内容：调、运、铺砂浆，调、运、砌筑，安防铁件。　　**计量单位**：10m³

定额编号			2-22	2-23
项目			砖柱	零星砖砌体
名称		单位	消耗量	
人工	合计工日	工日	20.272	23.814
	其中 普工	工日	5.366	6.413
	其中 一般技工	工日	12.776	14.923
	其中 高级技工	工日	2.130	2.478
材料	烧结煤矸石普通砖 240×115×53	千块	5.550	5.514
	干混砌筑砂浆 DM M10	m^3	2.140	2.142
	水	m^3	1.100	1.100
	其他材料费	%	0.980	0.980
机械	干混砂浆罐式搅拌机	台班	0.214	0.214

二、石　砌　体

工作内容：清理槽、坑，调、运、铺砂浆，运、砌石。　　**计量单位**：10m³

定额编号			2-24	2-25
项目			石基础	石墙
名称		单位	消耗量	
人工	合计工日	工日	14.198	18.222
	其中 普工	工日	3.830	4.916
	其中 一般技工	工日	8.640	11.088
	其中 高级技工	工日	1.728	2.218
材料	毛石(综合)	m^3	11.220	11.220
	干混砌筑砂浆 DM M10	m^3	3.987	3.987
	水	m^3	0.790	0.790
	其他材料费	%	0.460	0.460
机械	干混砂浆罐式搅拌机	台班	0.399	0.399

工作内容：调、运砂浆，冲洗石料，选运石料，扁钻安砌等全部操作过程。　　**计量单位**：10m³

定额编号			2-26	2-27
项目			石护墙	石勒脚
			浆砌	
名称		单位	消耗量	
人工	合计工日	工日	13.370	22.460
	其中 普工	工日	3.607	6.501
	其中 一般技工	工日	8.136	13.679
	其中 高级技工	工日	1.627	2.280
材料	块石	m^3	10.000	10.000
	干混砌筑砂浆 DM M10	m^3	3.987	0.707
机械	干混砂浆罐式搅拌机	台班	0.399	0.071

三、砌 体 加 固

工作内容：调、运砂浆，剔除砖墙灰缝至深5mm～10mm，清理基层，分层抹砂浆，养护。 **计量单位**：$10m^2$

<table>
<tr><td colspan="3">定额编号</td><td>2-28</td><td>2-29</td><td>2-30</td></tr>
<tr><td colspan="3" rowspan="3">项目</td><td colspan="3">抹水泥砂浆加固墙面</td></tr>
<tr><td>厚35mm</td><td>厚25mm</td><td rowspan="2">厚每增减5mm</td></tr>
<tr><td>有钢筋(钢丝网)</td><td>无钢筋(钢丝网)</td></tr>
<tr><td colspan="2">名称</td><td>单位</td><td colspan="3">消耗量</td></tr>
<tr><td rowspan="4">人工</td><td>合计工日</td><td>工日</td><td>2.400</td><td>2.200</td><td>0.240</td></tr>
<tr><td>其中 普工</td><td>工日</td><td>0.400</td><td>0.360</td><td>0.040</td></tr>
<tr><td>其中 一般技工</td><td>工日</td><td>1.700</td><td>1.564</td><td>0.170</td></tr>
<tr><td>其中 高级技工</td><td>工日</td><td>0.300</td><td>0.276</td><td>0.030</td></tr>
<tr><td rowspan="4">材料</td><td>干混抹灰砂浆 DP M10</td><td>m^3</td><td>0.400</td><td>0.300</td><td>0.055</td></tr>
<tr><td>素水泥浆</td><td>m^3</td><td>0.010</td><td>0.010</td><td>—</td></tr>
<tr><td>水</td><td>m^3</td><td>0.125</td><td>0.095</td><td>0.017</td></tr>
<tr><td>其他材料费</td><td>%</td><td>2.000</td><td>2.000</td><td>2.000</td></tr>
<tr><td>机械</td><td>干混砂浆罐式搅拌机</td><td>台班</td><td>0.044</td><td>0.033</td><td>0.006</td></tr>
</table>

工作内容：调、运砂浆，剔除砖墙灰缝至深5mm～10mm，清理基层，分层抹砂浆，养护。 **计量单位**：$10m^2$

<table>
<tr><td colspan="3">定额编号</td><td>2-31</td><td>2-32</td><td>2-33</td></tr>
<tr><td colspan="3" rowspan="3">项目</td><td colspan="3">抹水泥砂浆加固独立柱</td></tr>
<tr><td>厚35mm</td><td>厚25mm</td><td rowspan="2">厚每增减5mm</td></tr>
<tr><td>有钢筋(钢丝网)</td><td>无钢筋(钢丝网)</td></tr>
<tr><td colspan="2">名称</td><td>单位</td><td colspan="3">消耗量</td></tr>
<tr><td rowspan="4">人工</td><td>合计工日</td><td>工日</td><td>2.720</td><td>2.480</td><td>0.280</td></tr>
<tr><td>其中 普工</td><td>工日</td><td>0.480</td><td>0.480</td><td>0.040</td></tr>
<tr><td>其中 一般技工</td><td>工日</td><td>1.904</td><td>1.700</td><td>0.204</td></tr>
<tr><td>其中 高级技工</td><td>工日</td><td>0.336</td><td>0.300</td><td>0.036</td></tr>
<tr><td rowspan="4">材料</td><td>干混抹灰砂浆 DP M10</td><td>m^3</td><td>0.420</td><td>0.320</td><td>0.060</td></tr>
<tr><td>素水泥浆</td><td>m^3</td><td>0.010</td><td>0.010</td><td>—</td></tr>
<tr><td>水</td><td>m^3</td><td>0.131</td><td>0.101</td><td>0.018</td></tr>
<tr><td>其他材料费</td><td>%</td><td>2.000</td><td>2.000</td><td>2.000</td></tr>
<tr><td>机械</td><td>干混砂浆罐式搅拌机</td><td>台班</td><td>0.046</td><td>0.035</td><td>0.007</td></tr>
</table>

工作内容：调、运砂浆，剔除砖墙灰缝至深5mm～10mm，清理基层，喷射砂浆，砂浆表面抹平压实，养护，设备清理。

计量单位：10m²

定额编号				2-34	2-35	2-36
项目				喷射水泥砂浆加固墙面		
				有钢筋(钢丝网)	无钢筋(钢丝网)	厚每增减5mm
				厚35mm	厚25mm	
名称			单位	消耗量		
人工	合计工日		工日	2.160	1.984	0.152
	其中	普工	工日	0.160	0.144	0.032
		一般技工	工日	1.700	1.564	0.102
		高级技工	工日	0.300	0.276	0.018
材料	高压橡胶管(综合)		m	2.500	2.300	0.600
	干混抹灰砂浆 DP M10		m³	0.500	0.380	0.080
	水		m³	0.220	0.184	0.094
	电		kW·h	8.160	7.140	1.430
	其他材料费		%	2.000	2.000	2.000
机械	干混砂浆罐式搅拌机		台班	0.055	0.042	0.009
	电动空气压缩机 0.3m³/min		台班	0.250	0.220	0.040

工作内容：清理基层，浆液拌制，灌浆嘴位置设置，钻孔，砂浆封缝、灌浆，清理墙面、清理设备。

计量单位：10m

定额编号				2-37	2-38	2-39	2-40	2-41
项目				砌体裂缝压力灌浆				
				聚乙烯醇溶液(108胶)水泥聚合浆		聚醋酸乙烯乳液水泥聚合浆		
				浆液灌浆	砂浆灌浆	稀浆灌浆	稠浆灌浆	砂浆灌浆
名称			单位	消耗量				
人工	合计工日		工日	2.880	2.880	3.360	3.600	3.760
	其中	普工	工日	0.480	0.480	0.560	0.560	0.560
		一般技工	工日	2.040	2.040	2.380	2.584	2.720
		高级技工	工日	0.360	0.360	0.420	0.456	0.480
材料	注胶嘴		个	30.000	30.000	30.000	30.000	30.000
	聚醋酸乙烯乳液		kg	—	—	4.000	4.000	6.000
	聚乙烯醇		kg	40.000	50.000	—	—	—
	水泥砂浆 1:2		m³	0.030	0.030	0.030	0.030	0.030
	细砂		m³	—	0.030	—	—	0.060
	水泥 42.5		kg	57.000	42.000	42.000	68.000	90.000
	水		m³	0.009	0.019	0.049	0.049	0.049
	电		kW·h	0.510	2.080	0.208	0.208	0.208
	其他材料费		%	2.000	2.000	2.000	2.000	2.000
机械	电动空气压缩机 0.3m³/min		台班	1.500	1.500	1.500	1.500	1.500

工作内容：清理基层，浆液拌制，灌浆嘴位置设置，钻孔，砂浆封缝、灌浆，清理墙面、清理设备。

计量单位：10m

<table>
<tr><td colspan="3">定　额　编　号</td><td>2-42</td><td>2-43</td><td>2-44</td></tr>
<tr><td colspan="3" rowspan="3">项　　目</td><td colspan="3">砌体裂缝压力灌浆</td></tr>
<tr><td colspan="3">水玻璃水泥聚合浆</td></tr>
<tr><td>稀浆灌浆</td><td>稠浆灌浆</td><td>砂浆灌浆</td></tr>
<tr><td colspan="2">名　　称</td><td>单位</td><td colspan="3">消　耗　量</td></tr>
<tr><td rowspan="4">人工</td><td>合计工日</td><td>工日</td><td>3.360</td><td>3.360</td><td>3.760</td></tr>
<tr><td>其中 普工</td><td>工日</td><td>0.560</td><td>0.560</td><td>0.560</td></tr>
<tr><td>一般技工</td><td>工日</td><td>2.380</td><td>2.380</td><td>2.720</td></tr>
<tr><td>高级技工</td><td>工日</td><td>0.420</td><td>0.420</td><td>0.480</td></tr>
<tr><td rowspan="8">材料</td><td>注胶嘴</td><td>个</td><td>30.000</td><td>30.000</td><td>30.000</td></tr>
<tr><td>硅酸钠（水玻璃）</td><td>kg</td><td>1.200</td><td>1.500</td><td>1.000</td></tr>
<tr><td>水泥砂浆 1∶2</td><td>m^3</td><td>0.030</td><td>0.030</td><td>0.030</td></tr>
<tr><td>水泥 42.5</td><td>kg</td><td>56.000</td><td>72.000</td><td>50.000</td></tr>
<tr><td>细砂</td><td>m^3</td><td>—</td><td>—</td><td>0.060</td></tr>
<tr><td>水</td><td>m^3</td><td>0.049</td><td>0.049</td><td>0.049</td></tr>
<tr><td>电</td><td>kW·h</td><td>0.208</td><td>0.208</td><td>0.021</td></tr>
<tr><td>其他材料费</td><td>%</td><td>2.000</td><td>2.000</td><td>2.000</td></tr>
<tr><td>机械</td><td>电动空气压缩机 0.3m^3/min</td><td>台班</td><td>1.500</td><td>1.500</td><td>1.500</td></tr>
</table>

第三章　混凝土及钢筋混凝土工程

说　　明

一、本章定额包括现浇混凝土构件,基础加固及注浆地基,锚杆静压桩,柱加固,梁加固,板加固,墙加固,基层及界面处理,特殊加固,钢筋、预埋铁件制作、安装共十节。

二、一般说明:

1. 现浇混凝土构件的模板及支架未包括在混凝土加固项目内,另按本定额第八章“措施项目”相应定额执行。

2. 现浇混凝土定额项目中未包括钢筋、预埋铁件、钢丝网的用量,另按本章钢筋工程相应定额执行。

3. 预拌混凝土是指在混凝土厂集中搅拌、用混凝土罐车运输到施工现场并入模的混凝土(圈过梁及构造柱项目中已综合考虑了因施工条件限制不能直接入模的因素)。

4. 混凝土按常用强度等级考虑,设计强度等级不同时可以换算,混凝土各种外加剂统一在配合比中考虑,图纸设计要求增加的外加剂另行计算。

5. 二次灌浆,如灌注材料与设计不同时,可以换算;空心砖内灌注混凝土执行小型构件项目。

6. 现浇钢筋混凝土柱、墙项目均综合了每层底部灌注水泥砂浆的消耗量。地下室外墙执行直形墙项目。

7. 压型钢板上浇捣混凝土执行平板项目,人工乘以系数 1.10。

8. 型钢组合混凝土构件执行普通混凝土相应构件项目,人工、机械乘以系数 1.2。

9. 斜梁(板)按 10° < 坡度≤30°综合考虑。斜梁(板)坡度≤10°时执行梁、板项目,30° < 坡度≤45°时人工乘以系数 1.05,45° < 坡度≤60°时人工乘以系数 1.10,坡度 > 60°时人工乘以系数 1.20。

10. 叠合梁、板分别按梁、板相应项目执行。

11. 与主体结构不同时浇捣的厨房、卫生间等处墙体下部的现浇混凝土翻边执行圈梁相应项目。

12. 挑檐、天沟壁高度≤400mm 执行挑檐项目,挑檐、天沟壁高度 > 400mm 按全高执行栏板项目,单体体积 0.1m^3 以内执行小型构件项目。

13. 独立现浇门框按构造柱项目执行。

14. 凸出混凝土柱、梁的线条并入相应柱、梁构件内;凸出混凝土外墙面、阳台梁、栏板外侧≤300mm 的装饰线条执行扶手、压顶项目;凸出混凝土外墙、梁外侧 > 300mm 的板,按伸出外墙的梁、板体积合并计算,执行悬挑板项目。

15. 小型构件是指单件体积 0.1m^3 以内且本节未列项目的小型构件,小型构件项目适用于砌体拉结带、垫块、挂板、开孔补洞等。

16. 外形尺寸体积在 1m^3 以内的独立池槽执行小型构件项目,1m^3 以上的独立池槽及与建筑物相连的梁、板、墙结构式水池分别执行梁、板、墙相应项目。

17. 阳台不包括阳台栏板及压顶内容。

18. 屋面混凝土女儿墙高度 > 1.2m 时执行相应墙项目,≤1.2m 时执行相应栏板项目。

19. 混凝土栏板高度(含压顶扶手及翻沿)净高按 1.2m 以内考虑,超过 1.2m 时执行相应墙项目。

20. 现浇混凝土阳台板、雨篷板按三面悬挑形式编制,如一面为弧形栏板且半径≤9m 时,执行圆弧形阳台板、雨篷板项目;如非三面悬挑形式的阳台、雨篷,则执行梁、板相应项目。

21. 现浇飘窗板、空调板执行悬挑板项目。

22. 楼梯是按建筑物一个自然层双跑楼梯考虑,单坡直行楼梯(即一个自然层、无休息平台)按相应定额乘以系数 1.2,三跑楼梯(即一个自然层、两个休息平台)按相应定额乘以系数 0.9,四跑楼梯(即一个自然层、三个休息平台)按相应定额乘以系数 0.75 。

当图纸设计板式楼梯梯段底板(不含踏步三角部分)厚度大于 150mm、梁式楼梯梯段底板(不含踏步三角部分)厚度大于80mm时,混凝土消耗量按实调整,人工按相应比例调整。

弧形楼梯是指一个自然层旋转弧度小于180°的楼梯,螺旋楼梯是指一个自然层旋转弧度大于180°的楼梯。

三、现浇混凝土构件定额项目适用范围:新增基础及垫层、新增柱、新增构造柱、新增梁、圈梁、过梁、新增其他构件。

四、现浇混凝土加固构件:

1. 现浇混凝土加固构件定额项目适用范围:

(1)基础加大适用于各种基础的加固;

(2)加附墙柱适用于附墙加固的壁柱、阴角柱、转角柱、组合柱;

(3)柱截面加大适用于独立的砖柱、混凝土柱外包钢筋混凝土层加固;

(4)加附墙圈梁适用于需支底模的附墙圈梁;

(5)现浇弧形圈梁执行相应圈梁定额项目,人工乘以系数1.2;

(6)板下加梁适用于原有板下加钢筋混凝土梁加固;

(7)梁截面加大适用于梁下包钢筋混凝土层加固、梁下及两侧包钢筋混凝土层加固;

(8)置换板适用于原板拆除后重新浇筑的板;

(9)原板上浇叠合层适用于原板上加混凝土层加固;

(10)砖(混凝土)墙面外包混凝土适用于砖、混凝土墙外包混凝土层加固;

(11)墙面喷射混凝土适用于墙面挂钢丝网、钢筋网片喷射混凝土加固;

(12)钢丝(钢丝绳)网片加固(聚合物砂浆)适用于墙、柱、梁面挂钢丝网,钢丝绳网片抹聚合物砂浆加固;

(13)型钢组合混凝土构件执行普通混凝土相应构件项目,人工、机械乘以系数1.2。

2. 混凝土是按自然养护编制的,设计或经建设单位批准的施工方案有特殊要求时,增加的养护费用另行计算。

3. 梁截面加大中的梁下加固定额中未包括为满足浇筑需要所增加的混凝土(该部分混凝土按施工方案另行计算工程量)及其剔除费用。

4. 板下加梁和梁截面加大中的梁下及两侧加固定额中未包括板上浇筑混凝土所需凿孔的费用。混凝土补孔按现浇小型构件项目计算。

5. 钢丝(钢丝绳)网片加固(聚合物砂浆)定额中未包括铺钢丝网、钢丝绳网片,另按钢筋工程相应定额项目计算。

五、特殊加固:

1. 定额中的钢材用量与设计不同时允许换算,但人工、机械费不得调整。钢材损耗率按6%计算。

2. 结构植钢筋不包括植入的钢筋制作、化学螺栓,钢筋制作按钢筋相应项目执行,化学螺栓另行计算。使用化学螺栓应扣除植筋胶的消耗量。

3. 粘钢、后注工法灌注水泥浆、粘贴碳纤维布、裂缝补缝、灌缝定额中未包括剔除原混凝土结构面的抹灰层及饰面层费用。

4. 粘贴碳纤维布定额已包括碳纤维布搭接及损耗量,不另计算。粘贴碳纤维布以单位面积质量250g/m^{2}编制,如设计用材料单位面积质量不同时允许换算,只换算材料,其他不变。

5. 结构胶粘钢的钢板项目,粘钢胶的厚度按3mm编制;结构胶粘钢型钢项目,粘钢胶的厚度按3mm编制。设计厚度与定额不同时按厚度比例调整。

6. 后注工法灌注水泥浆中水泥豆石定额消耗量按m^{3}计取,厚度按50mm编制,水泥豆石的配合比定额已综合考虑,设计厚度与定额不同时按厚度比例调整。

7. 结构胶粘钢计量单位按面积编制,若梁面及梁底设计为U形钢时按展开面积计算,若设计为双层钢板时人工、机械乘以系数1.5,材料乘以系数2。

8. 混凝土表面凿毛指混凝土表面凿去风化酥松层、碳化层及严重污蚀层,直至完全露出坚实的基层为止,并在此基层上凿毛,使其表面凹凸差大于或等于4mm。

六、钢筋工程:

1. 除定额规定单独列项计算以外,各类钢筋、铁件的制作成型、绑扎、安装、接头、固定所用人工、材料、机械消耗均已综合在相应项目内,设计另有规定者,按设计要求计算。直径25mm以上的钢筋连接按机械连接考虑。

2. 钢筋工程中措施钢筋按设计图纸规定及施工验收规范要求计算,按品种、规格执行相应项目。如采用其他材料,另行计算。

3. 弧形构件中的弧形钢筋按相应定额项目人工乘以系数1.2。

4. 钢筋工程按钢筋的不同品种和规格以及箍筋分别列项,钢筋的品种、规格比例按常规工程设计综合考虑。

5. 型钢组合混凝土构件中,型钢骨架执行本定额第五章“金属构件工程”相应项目,钢筋执行现浇构件钢筋相应项目,人工乘以系数1.50,机械乘以系数1.15。

6. 成型钢筋指按照施工图要求下料并在加工厂内加工,运到现场可直接绑扎或安装的成品钢筋,其价格内已包含成型钢筋的断料、制作损耗。

7. 预埋螺栓执行预埋件定额。

七、注浆地基工程:

1. 注浆地基所用的浆体材料用量按照设计含量调整。

2. 注浆项目中注浆管消耗量为摊销量,若为一次性使用,可进行调整。废浆处理及外运执行本定额第一章“土石方工程”相应项目。

八、锚杆静压桩工程:

1. 混凝土锚杆静压桩实际采用成品预制桩时,其单价按成品价格考虑。

2. 锚杆制作、安装定额中锚杆按照M27钢锚杆考虑,埋设深度为300mm。设计锚杆直径和埋设深度与定额不同时,除锚杆按设计规格调整外,人工、机械及硫黄胶泥含量按比例调整。锚杆交叉连接钢筋的制作、安装费用已包括在封桩定额内,不另计算。

3. 锚杆后成孔埋设指在原基础或承台表面钻孔埋设锚杆。预先埋设指在新建基础或承台内预先埋设锚杆。

4. 锚杆静压桩混凝土基础开凿压桩孔按设计注明的桩芯直径及基础厚度执行定额。基础厚度指压桩孔穿透部分基础混凝土的厚度,不包括各类垫层厚度。基础凿除后废渣外运费用另计。

5. 遇开凿压桩孔后原基础钢筋割断需要复原的,复原费用另行计算。

6. 锚杆静压桩压桩、送桩按桩径及单桩竖向承载力不同执行相应定额,压桩定额中已综合了接桩所需的压桩机台班。当设计桩长在12m以内时,压桩定额人工和机械乘以系数1.25;设计桩长在30m以上时,压桩定额人工和机械乘以系数0.85。

7. 锚杆静压桩接桩按桩径不同执行相应定额。

8. 由于设计要求或地质条件原因导致锚杆静压桩需要截桩时,截除部分桩体压桩费用不计,但制桩费用不扣。

9. 锚杆静压桩设计采用预加载封桩时,按单桩竖向承载力和桩径不同分别执行相应定额。封桩孔基础厚度按800mm编制,设计与定额不同时,混凝土及相应机械含量按比例调整。所谓预加载封桩指在千斤顶不卸载条件下进行封桩,当封桩混凝土达到设计强度后方可卸载。封桩中突出基础部分的桩帽梁执行本章“小型构件”定额子目。截除混凝土桩头如发生外运,运费另计。

工程量计算规则

一、一般规则：

混凝土工程量除另有规定者外，均按设计图示尺寸以体积计算，不扣除构件内钢筋、预埋铁件及墙、板中0.3m^{2}以内的孔洞所占体积。型钢混凝土中型钢骨架所占体积按型钢骨架密度7850kg/m^{3}扣除。

二、现浇混凝土构件：

1.基础：按设计图示尺寸以体积计算，不扣除伸入承台基础的桩头所占体积。

(1)带形基础：不分有肋式与无肋式均按带形基础项目计算，有肋式带形基础，肋高（指基础扩大顶面至梁顶面的高）≤1.2m时，合并计算；>1.2m时，扩大顶面以下的基础部分按无肋带形基础项目计算，扩大顶面以上部分按墙项目计算。

(2)箱式基础分别按基础、柱、墙、梁、板等有关规定计算。

(3)设备基础：设备基础除块体（块体设备基础是指没有空间的实心混凝土）以外，其他类型设备基础分别按基础、柱、墙、梁、板等有关规定计算。

2.柱：按设计图示尺寸以体积计算。

(1)有梁板的柱高应自柱基上表面（或楼板上表面）至上一层楼板上表面之间的高度计算；

(2)无梁板的柱高应自柱基上表面（或楼板上表面）至柱帽下表面之间的高度计算；

(3)框架柱的柱高应自柱基上表面至柱顶面高度计算；

(4)依附柱上的牛腿并入柱身体积内计算；

(5)钢管混凝土柱以钢管高度按照钢管内径计算混凝土体积。

3.墙：按设计图示尺寸以体积计算，扣除门窗洞口及0.3m^{2}以外孔洞所占体积，墙垛及凸出部分并入墙体积内计算。直形墙中门窗洞口上的梁并入墙体积，短肢剪力墙结构砌体内门窗洞口上的梁并入梁体积。

墙与柱连接时墙算至柱边；墙与梁连接时墙算至梁底；墙与板连接时板算至墙侧；未凸出墙面的暗梁暗柱并入墙体积。

4.梁：按设计图示尺寸以体积计算，伸入砖墙内的梁头、梁垫并入梁体积内。

(1)梁与柱连接时，梁长算至柱侧面；

(2)主梁与次梁连接时，次梁长算至主梁侧面。

5.板：按设计图示尺寸以体积计算，不扣除单个面积0.3m^{2}以内的柱、垛及孔洞所占体积。

(1)有梁板包括梁与板按梁、板体积之和计算；

(2)无梁板按板和柱帽体积之和计算；

(3)各类板伸入砖墙内的板头并入板体积内计算。

6.栏板、扶手按设计图示尺寸以体积计算，伸入砖墙内的部分并入栏板、扶手体积计算。

7.挑檐、天沟按设计图示尺寸以墙外部分体积计算。挑檐、天沟板与板（包括屋面板）连接时，以外墙外边线为分界线；与梁（包括圈梁等）连接时，以梁外边线为分界线；外墙外边线以外为挑檐、天沟。

8.凸阳台（凸出外墙外侧用悬挑梁悬挑的阳台）按阳台项目计算；凹进墙内的阳台按梁、板分别计算，阳台栏板、压顶分别按栏板、压顶项目计算。

9.雨棚梁、板工程量合并，按雨篷以体积计算，高度≤400mm的栏板并入雨篷体积内计算，栏板高度>400mm时，其超过部分按栏板计算。

10.楼梯（包括休息平台，平台梁、斜梁及楼梯的连接梁）按设计图示尺寸以水平投影面积计算，不扣除宽度小于500mm的楼梯井，伸入墙内部分不计算。当整体楼梯与现浇楼板无梯梁连接时，以楼梯的最后一个踏步边缘加300mm为界。

11. 二次灌浆按实际灌注混凝土体积计算。

三、现浇混凝土加固构件:

1. 柱加固。

(1)构造柱高度自柱基至柱顶上表面;

(2)马牙槎并入构造柱混凝土体积。

2. 梁加固。

(1)梁柱相交时,梁长算至柱侧面,主次梁相交,次梁长算至主梁侧面;

(2)伸入墙内的梁头及现浇梁垫并入梁体积内计算;

(3)为满足浇筑需要所增加的混凝土工程量并入计算。

3. 板加固。

(1)板与梁(圈梁)连接时,板算至梁(圈梁)侧面;

(2)伸入墙内板头并入板内计算。

4. 墙加固。

(1)砖(混凝土)墙面包混凝土工程量按图示尺寸以"m^3"计算,伸入地坪、楼板、墙面的部分,其混凝土体积并入墙面包混凝土工程量内;

(2)墙面喷射混凝土工程量以单面按"m^2"计算,双面加固时按双面工程量计算;

(3)钢丝(钢丝绳)网片加固(聚合物砂浆)按其外包面积以"m^2"计算;

(4)凡加固墙身的梁与通过门窗洞口的圈梁,均按圈梁计算,单独通过门窗洞口的梁按过梁计算。

5. 构件混凝土面凿毛、剔除基层混凝土和基层表面阻锈按所需处理构件表面积以"m^2"计算,旧混凝土剔除及表面凿毛遇构件整体剔除旧混凝土至露筋,基础人工增加 0.18 工日/m^2,其余增加 0.12 工日/m^2。

四、特殊加固:

1. 结构植钢筋按数量计算,植入钢筋按外露和植入部分之和长度乘以单位理论质量计算。

2. 直接法结构胶粘钢、后注工法粘钢、后注工法灌注水泥浆、粘贴碳纤维布加固按设计图示钢材、碳纤维布的外边实贴面积以"m^2"计算,不扣除孔眼的面积。

3. 裂缝封闭、裂缝灌缝加固按实际封闭、灌缝加固长度以延长米计算。

五、钢筋工程:

1. 现浇构件钢筋按设计图示钢筋长度乘以单位理论质量计算。

2. 除定额规定单独列项计算以外,各类钢筋、铁件的制作成型,绑扎,安装,接头,固定所用人工、材料、机械消耗均已综合在相应项目内,设计另有规定者,按设计要求计算。直径 25mm 以上的钢筋连接按机械连接考虑。

3. 钢筋工程中措施钢筋按设计图纸规定及施工验收规范要求计算,按品种、规格执行相应项目,采用其他材料时另行计算。

4. 现浇构件冷拔钢丝按 $\phi10$ 以内钢筋制安项目执行。

5. 钢筋搭接长度应按设计图示及规范要求计算,设计图示及规范要求未标明搭接长度的,不另计算搭接长度。

6. 钢筋的搭接(接头)数量应按设计图示及规范要求计算,设计图示及规范要求未标明的,按以下规定计算:

(1)$\phi10$ 以内的钢筋按每 12m 计算一个钢筋搭接(接头);

(2)$\phi10$ 以上的钢筋按每 9m 计算一个钢筋搭接(接头)。

7. 设计图示及规范要求钢筋接头采用机械连接或焊接时,按数量计算,不再计算该处的钢筋搭接长度。

8. 铺钢丝网、钢丝绳网片按其外边尺寸以"m^2"计算。

六、注浆地基工程:

1. 分层注浆钻孔数量按设计图示以钻孔深度计算,注浆数量按设计图纸注明加固土体的体积计算。

2. 压密注浆钻孔数量按设计图示以钻孔深度计算，注浆数量按下列规定计算：

(1)设计图纸明确加固土体体积的，按设计图纸注明的体积计算；

(2)设计图纸以布点形式图示土体加固范围的，则按两孔间距的一半作为扩散半径，已布点边线各加扩散半径，形成计算平面，计算注浆体积；

(3)如果设计图纸注浆点在钻孔灌注桩之间，按在两注浆孔的一半作为每孔的扩散半径，依此圆柱体积计算注浆体积。

七、锚杆静压桩工程：

1. 预制锚杆静压桩制桩按设计桩长(包括桩尖)乘以桩截面积以“m^2”计算。

2. 锚杆静压桩中锚杆制作、安装按锚杆数量以“根”计算。混凝土锚杆静压桩模板工程量按模板与混凝土接触面的面积以“m^2”计算，与地模接触面的面积不计算，不扣除≤$0.3m^2$ 预留孔洞面积，洞侧壁模板也不增加。若为施工现场预制桩，地模发生时另行计算。

3. 混凝土基础开凿压桩孔按设计图示以“个”计算。

4. 锚杆静压桩压桩长度按设计桩长(包括桩尖)以“延长米”计算，送桩长度按设计桩顶标高至压桩前的原地面(承台面)标高另加 0.5m 计算。

5. 锚杆静压桩接桩，孔内截桩和封桩按其数量以“个”计算。

一、现浇混凝土构件

1.基　　础

工作内容:混凝土的浇筑、振捣、养护。　　　　**计量单位**:10m³

定　额　编　号				3-1	3-2	3-3	3-4	3-5
项　　　目				垫层	独立基础	带形基础	设备基础	二次灌浆
名　称			单位	消　耗　量				
人工	合计工日		工日	4.442	3.361	4.100	3.133	23.222
	其中	普工	工日	1.333	1.008	1.230	0.940	6.967
		一般技工	工日	2.665	2.017	2.460	1.880	13.933
		高级技工	工日	0.444	0.336	0.410	0.313	2.322
材料	预拌混凝土 C15		m³	10.200	—	—	—	—
	预拌混凝土 C20		m³	—	10.200	10.200	10.200	—
	预拌细石混凝土 C20		m³	—	—	—	—	10.300
	塑料薄膜		m²	47.775	15.927	12.590	14.761	—
	水		m³	3.950	1.125	1.009	0.900	5.930
	电		kW·h	2.310	2.310	2.310	2.310	—
	其他材料费		%	0.450	0.450	0.450	0.450	0.450

2.柱

工作内容:混凝土的浇筑、振捣、养护。　　　　**计量单位**:10m³

定　额　编　号				3-6	3-7	3-8	3-9	3-10
项　　　目				矩形柱	构造柱	异形柱	圆形柱	钢管混凝土柱
名　称			单位	消　耗　量				
人工	合计工日		工日	8.653	14.487	9.280	9.293	12.441
	其中	普工	工日	2.596	4.346	2.784	2.788	3.732
		一般技工	工日	5.192	8.692	5.568	5.576	7.465
		高级技工	工日	0.865	1.449	0.928	0.929	1.244
材料	预拌混凝土 C20		m³	9.897	9.897	9.897	9.897	9.897
	预拌水泥砂浆		m³	0.303	0.303	0.303	0.303	0.303
	土工布		m²	0.912	0.885	0.912	0.885	—
	水		m³	0.911	2.105	2.105	1.950	—
	电		kW·h	3.750	3.720	3.720	3.750	3.720
	其他材料费		%	0.450	0.450	0.450	0.450	0.450
机械	干混砂浆罐式搅拌机		台班	0.030	0.030	0.030	0.030	0.03

3. 梁

工作内容：混凝土的浇筑、振捣、养护。

计量单位：$10m^3$

定额编号				3-11	3-12	3-13	3-14	3-15	3-16	3-17
项目				基础梁	矩形梁	异形梁	圈梁	过梁	弧形、拱形梁	斜梁
名称			单位	消耗量						
人工	合计工日		工日	3.493	3.620	3.670	7.954	9.150	6.130	3.863
	其中	普工	工日	1.049	1.086	1.101	2.386	2.745	1.839	1.159
		一般技工	工日	2.095	2.172	2.202	4.773	5.490	3.678	2.318
		高级技工	工日	0.349	0.362	0.367	0.795	0.915	0.613	0.386
材料	预拌混凝土 C20		m^3	10.200	10.200	10.200	10.200	10.200	10.200	10.200
	塑料薄膜		m^2	31.765	29.750	36.150	41.300	92.850	49.899	49.899
	土工布		m^2	3.168	2.720	3.610	4.113	8.477	4.556	4.556
	水		m^3	3.040	3.090	2.100	2.640	6.065	3.759	3.795
	电		kW·h	3.750	3.750	3.750	2.310	3.750	3.750	3.750
	其他材料费		%	0.450	0.450	0.450	0.450	0.450	0.450	0.450

4. 墙

工作内容：混凝土的浇筑、振捣、养护。

计量单位：$10m^3$

定额编号				3-18	3-19
项目				直形墙	弧形墙
名称			单位	消耗量	
人工	合计工日		工日	4.964	5.047
	其中	普工	工日	1.489	1.514
		一般技工	工日	2.979	3.028
		高级技工	工日	0.496	0.505
材料	预拌混凝土 C20		m^3	9.925	9.925
	预拌水泥砂浆		m^3	0.275	0.275
	土工布		m^2	0.703	0.867
	水		m^3	0.690	0.790
	电		kW·h	3.660	3.660
	其他材料费		%	0.450	0.450
机械	干混砂浆罐式搅拌机		台班	0.028	0.028

5. 板

工作内容：混凝土的浇筑、振捣、养护。

计量单位：10m³

定额编号			3-20	3-21	3-22	3-23	3-24
项目			有梁板	无梁板	平板	拱板	斜板、坡屋面板
名称		单位	消耗量				
人工	合计工日	工日	3.639	2.906	4.216	8.933	4.783
	其中 普工	工日	1.092	0.872	1.265	2.680	1.435
	其中 一般技工	工日	2.183	1.743	2.529	5.360	2.870
	其中 高级技工	工日	0.364	0.291	0.422	0.893	0.478
材料	预拌混凝土 C20	m³	10.200	10.200	10.200	10.200	10.200
	塑料薄膜	m²	49.749	52.550	71.100	22.500	80.346
	土工布	m²	4.975	5.261	7.109	2.054	8.035
	水	m³	2.595	3.023	4.104	1.652	8.860
	电	kW·h	3.780	3.780	3.780	3.780	3.780
	其他材料费	%	0.450	0.450	0.450	0.450	0.450
机械	混凝土抹平机	台班	0.110	0.110	0.140	0.150	0.190

工作内容：混凝土的浇筑、振捣、养护。

计量单位：10m³

定额编号			3-25	3-26	3-27	3-28	3-29
项目			栏板	天沟、挑檐板	雨篷板	悬挑板	阳台板
名称		单位	消耗量				
人工	合计工日	工日	14.086	14.192	13.177	12.730	13.336
	其中 普工	工日	4.226	4.258	3.953	3.819	4.001
	其中 一般技工	工日	8.451	8.515	7.906	7.638	8.002
	其中 高级技工	工日	1.409	1.419	1.318	1.273	1.333
材料	预拌混凝土 C20	m³	10.200	10.200	10.200	10.200	10.200
	塑料薄膜	m²	11.750	85.199	95.650	104.895	61.559
	土工布	m²	—	—	—	0.789	12.070
	水	m³	2.617	6.040	7.300	0.687	9.380
	电	kW·h	—	6.000	5.190	6.000	5.310
	其他材料费	%	0.450	0.450	0.450	0.450	0.450

6. 其 他 构 件

工作内容：混凝土的浇筑、振捣、养护。

定 额 编 号				3-30	3-31	3-32
项 目				楼梯	压顶	小型构件
计 量 单 位				$10m^2$ 水平投影面积	$10m^3$	
名 称			单位	消 耗 量		
人工	合计工日		工日	3.208	18.269	21.930
	其中	普工	工日	0.962	5.481	6.579
		一般技工	工日	1.925	10.961	13.158
		高级技工	工日	0.321	1.827	2.193
材料	预拌混凝土 C20		m^3	2.612	10.200	10.200
	塑料薄膜		m^2	11.529	89.563	287.001
	土工布		m^2	1.090	—	—
	水		m^3	0.722	8.322	16.756
	电		kW·h	1.560	—	—
	其他材料费		%	0.800	0.450	0.450

二、基础加固及注浆地基

1. 基 础 加 固

工作内容：混凝土的浇筑、振捣、养护。　　　　**计量单位**：$10m^3$

定 额 编 号				3-33
项 目				基础加大
名 称			单位	消 耗 量
人工	合计工日		工日	4.786
	其中	普工	工日	1.436
		一般技工	工日	2.871
		高级技工	工日	0.479
材料	预拌混凝土 C20		m^3	10.300
	塑料薄膜		m^2	20.867
	水		m^3	1.366
	电		kW·h	3.754
	其他材料费		%	0.450

2.注浆地基

工作内容:1.定位、钻孔、配置浆液、注护壁泥浆、插入注浆芯管;
2.分层劈裂注浆,检测注浆效果。

<table>
<tr><td colspan="3">定额编号</td><td>3-34</td><td>3-35</td></tr>
<tr><td colspan="3" rowspan="2">项目</td><td colspan="2">分层注浆</td></tr>
<tr><td>钻孔</td><td>注浆</td></tr>
<tr><td colspan="3">计量单位</td><td>100m</td><td>10m³</td></tr>
<tr><td colspan="2">名称</td><td>单位</td><td colspan="2">消耗量</td></tr>
<tr><td rowspan="4">人工</td><td>合计工日</td><td>工日</td><td>9.702</td><td>3.087</td></tr>
<tr><td>其中 普工</td><td>工日</td><td>2.910</td><td>0.926</td></tr>
<tr><td>其中 一般技工</td><td>工日</td><td>5.821</td><td>1.853</td></tr>
<tr><td>其中 高级技工</td><td>工日</td><td>0.971</td><td>0.308</td></tr>
<tr><td rowspan="8">材料</td><td>塑料注浆阀管</td><td>m</td><td>105.000</td><td>—</td></tr>
<tr><td>膨润土</td><td>kg</td><td>1179.360</td><td>—</td></tr>
<tr><td>水</td><td>m³</td><td>12.600</td><td>—</td></tr>
<tr><td>水泥 42.5</td><td>t</td><td>—</td><td>1.146</td></tr>
<tr><td>粉煤灰</td><td>t</td><td>—</td><td>0.843</td></tr>
<tr><td>促进剂 KA</td><td>kg</td><td>—</td><td>108.150</td></tr>
<tr><td>硅酸钠(水玻璃)</td><td>kg</td><td>—</td><td>59.535</td></tr>
<tr><td>其他材料费</td><td>%</td><td>0.450</td><td>0.450</td></tr>
<tr><td rowspan="3">机械</td><td>工程地质液压钻机</td><td>台班</td><td>2.880</td><td>—</td></tr>
<tr><td>泥浆泵 50mm</td><td>台班</td><td>2.880</td><td>—</td></tr>
<tr><td>电动灌浆机</td><td>台班</td><td>—</td><td>0.480</td></tr>
</table>

工作内容:1.定位、钻孔、配置浆液、注护壁泥浆、插入注浆管;
2.压密注浆,检测注浆效果。

<table>
<tr><td colspan="3">定额编号</td><td>3-36</td><td>3-37</td></tr>
<tr><td colspan="3" rowspan="2">项目</td><td colspan="2">压密注浆</td></tr>
<tr><td>钻孔</td><td>注浆</td></tr>
<tr><td colspan="3">计量单位</td><td>100m</td><td>10m³</td></tr>
<tr><td colspan="2">名称</td><td>单位</td><td colspan="2">消耗量</td></tr>
<tr><td rowspan="4">人工</td><td>合计工日</td><td>工日</td><td>25.667</td><td>2.893</td></tr>
<tr><td>其中 普工</td><td>工日</td><td>7.700</td><td>0.868</td></tr>
<tr><td>其中 一般技工</td><td>工日</td><td>15.400</td><td>1.736</td></tr>
<tr><td>其中 高级技工</td><td>工日</td><td>2.567</td><td>0.289</td></tr>
<tr><td rowspan="5">材料</td><td>注浆管</td><td>kg</td><td>84.000</td><td>—</td></tr>
<tr><td>水泥 32.5</td><td>t</td><td>—</td><td>0.836</td></tr>
<tr><td>粉煤灰</td><td>t</td><td>—</td><td>0.735</td></tr>
<tr><td>硅酸钠(水玻璃)</td><td>kg</td><td>—</td><td>8.400</td></tr>
<tr><td>其他材料费</td><td>%</td><td>0.450</td><td>0.450</td></tr>
<tr><td rowspan="2">机械</td><td>电动灌浆机</td><td>台班</td><td>—</td><td>0.432</td></tr>
<tr><td>灰浆搅拌机 200L</td><td>台班</td><td>—</td><td>0.432</td></tr>
</table>

三、锚杆静压桩

1. 锚杆制作、安装

工作内容:1. 后成孔埋设:基础表面清洗、放线定位、凿洞、残渣清理归土、清孔、锚杆制作、灌注胶结材料、埋设等;
2. 预先埋设:锚杆制作,预埋,固定钢筋制作、安装等。

计量单位:10 根

<table>
<tr><td colspan="3">定额编号</td><td>3-38</td><td>3-39</td></tr>
<tr><td colspan="3" rowspan="2">项目</td><td colspan="2">锚杆制作、安装</td></tr>
<tr><td>后成孔埋设</td><td>预先埋设</td></tr>
<tr><td colspan="2">名称</td><td>单位</td><td colspan="2">消耗量</td></tr>
<tr><td rowspan="4">人工</td><td>合计工日</td><td>工日</td><td>2.100</td><td>1.080</td></tr>
<tr><td>其中 普工</td><td>工日</td><td>0.315</td><td>0.162</td></tr>
<tr><td>其中 一般技工</td><td>工日</td><td>1.482</td><td>0.762</td></tr>
<tr><td>其中 高级技工</td><td>工日</td><td>0.303</td><td>0.156</td></tr>
<tr><td rowspan="4">材料</td><td>锚杆 M27</td><td>套</td><td>10.200</td><td>10.200</td></tr>
<tr><td>圆钢(综合)</td><td>kg</td><td>—</td><td>1.250</td></tr>
<tr><td>硫黄胶泥</td><td>kg</td><td>7.640</td><td>—</td></tr>
<tr><td>其他材料费</td><td>%</td><td>5.000</td><td>5.000</td></tr>
<tr><td rowspan="3">机械</td><td>气腿式风动凿岩机</td><td>台班</td><td>0.500</td><td>—</td></tr>
<tr><td>电动空气压缩机 6m³/min</td><td>台班</td><td>0.500</td><td>—</td></tr>
<tr><td>交流弧焊机 32kV·A</td><td>台班</td><td>—</td><td>1.050</td></tr>
</table>

2. 锚杆静压桩制作

工作内容： 1. 混凝土的浇筑、振捣、养护；

2. 模板制作、安装、拆除、维护、整理、堆放及场内外运输，模板粘接物及模内杂物清理、刷隔离剂等。

定额编号				3-40	3-41	3-42	3-43
项目				锚杆静压桩制作			锚杆静压桩模板
				桩径(mm)			
				200×200	250×250	300×300	
计量单位				$10m^3$			$100m^2$
名称			单位	消耗量			
人工	合计工日		工日	10.384	8.098	6.952	56.100
	其中	普工	工日	0.542	0.199	0.027	8.415
		一般技工	工日	8.040	6.427	5.619	39.579
		高级技工	工日	1.802	1.472	1.306	8.106
材料	预拌混凝土 C30		m^3	10.200	10.200	10.200	—
	垫木		m^3	0.030	0.030	0.030	—
	塑料薄膜		m^2	81.821	65.456	54.547	—
	板枋材		m^3	—	—	—	0.800
	组合钢模板		kg	—	—	—	49.700
	钢支撑及配件		kg	—	—	—	65.130
	零星卡具		kg	—	—	—	16.510
	圆钉		kg	—	—	—	2.210
	隔离剂		kg	—	—	—	13.000
	模板嵌缝料		kg	—	—	—	1.000
	水		m^3	3.500	3.200	3.000	—
	电		kW·h	4.860	4.212	3.888	—
	金属周转材料		kg	2.500	2.400	2.300	—
	其他材料费		%	2.000	2.000	2.000	1.000
机械	木工圆锯机 500mm		台班	—	—	—	4.763
	载重汽车 4t		台班	—	—	—	0.352
	汽车式起重机 8t		台班	—	—	—	0.099

3. 混凝土基础开凿压桩孔

工作内容：1. 基础表面清洗、放线定位、凿洞、残渣清理归土；
2. 钻芯机钻孔洞、残渣清理归土。

计量单位：10 个

定额编号				3-44	3-45	3-46
项目				基础开凿压桩孔		
				桩径 200 × 200		
				基础厚度(mm)		
				400mm 以内	600mm 以内	600mm 以上 每增加 100mm
名称			单位	消耗量		
人工	合计工日		工日	1.350	3.407	0.852
	其中	普工	工日	0.203	0.511	0.128
		一般技工	工日	0.952	2.404	0.601
		高级技工	工日	0.195	0.492	0.123
材料	取芯机钻头 ϕ146		支	—	2.700	0.680
	氧气		m^3	3.540	—	—
	乙炔气		m^3	2.840	—	—
	其他材料费		%	5.000	5.000	5.000
机械	气腿式风动凿岩机		台班	3.332	—	—
	电动空气压缩机 $6m^3$/min		台班	3.332	—	—
	混凝土钻孔取芯机		台班	—	4.550	1.140
	钢筋切断机 40mm		台班	1.750	—	—

工作内容：1. 基础表面清洗、放线定位、凿洞、残渣清理归土；
2. 钻芯机钻孔洞、残渣清理归土。

计量单位：10 个

定额编号				3-47	3-48	3-49
项目				基础开凿压桩孔		
				桩径 250 × 250		
				基础厚度(mm)		
				400mm 以内	600mm 以内	600mm 以上 每增加 100mm
名称			单位	消耗量		
人工	合计工日		工日	1.932	4.866	1.218
	其中	普工	工日	0.290	0.730	0.183
		一般技工	工日	1.363	3.433	0.859
		高级技工	工日	0.279	0.703	0.176
材料	取芯机钻头 ϕ146		支	—	4.000	1.000
	氧气		m^3	5.050	—	—
	乙炔气		m^3	4.050	—	—
	其他材料费		%	5.000	5.000	5.000
机械	气腿式风动凿岩机		台班	4.760	—	—
	电动空气压缩机 $6m^3$/min		台班	4.760	—	—
	混凝土钻孔取芯机		台班	—	6.510	1.630
	钢筋切断机 40mm		台班	2.500	—	—

工作内容：1. 基础表面清洗、放线定位、凿洞、残渣清理归土；
2. 钻芯机钻孔洞、残渣清理归土。

计量单位：10 个

定额编号				3-50	3-51	3-52
项目				基础开凿压桩孔		
				桩径 300×300		
				基础厚度(mm)		
				400mm 以内	600mm 以内	600mm 以上 每增加 100mm
名称			单位	消耗量		
人工	合计工日		工日	2.706	6.810	1.704
	其中	普工	工日	0.406	1.022	0.256
		一般技工	工日	1.909	4.804	1.202
		高级技工	工日	0.391	0.984	0.246
材料	取芯机钻头 ϕ146		支	—	5.600	1.400
	氧气		m^3	7.070	—	—
	乙炔气		m^3	5.670	—	—
	其他材料费		%	5.000	5.000	5.000
机械	气腿式风动凿岩机		台班	6.660	—	—
	电动空气压缩机 6m^3/min		台班	6.660	—	—
	混凝土钻孔取芯机		台班	—	9.110	2.280
	钢筋切断机 40mm		台班	3.500	—	—

4. 压　　桩

工作内容：人工运输桩、准备压桩机具、调向、移动压桩机具、吊装定位、校正、压桩等。　计量单位：10m

定额编号				3-53	3-54	3-55
项目				单桩竖向承载力 500kN 以内		
				桩径(mm)		
				200×200	250×250	300×300
名称			单位	消耗量		
人工	合计工日		工日	1.800	2.280	3.000
	其中	普工	工日	0.270	0.342	0.450
		一般技工	工日	1.270	1.609	2.117
		高级技工	工日	0.260	0.329	0.434
材料	垫木		m^3	0.010	0.010	0.010
	金属周转材料		kg	1.090	1.560	2.080
	低碳钢焊条(综合)		kg	0.320	0.450	0.680
	钢丝绳		kg	0.010	0.020	0.030
	镀锌铁丝(综合)		kg	0.080	0.110	0.120
	其他材料费		%	10.000	10.000	10.000
机械	高压油泵 80MPa		台班	0.706	0.856	1.048
	电动葫芦单速 2t		台班	1.010	1.250	1.670
	载重汽车 4t		台班	0.090	0.100	0.110
	液压压桩器 100t 千斤顶		台班	0.500	0.630	0.830

工作内容：人工运输桩、准备压桩机具、调向、移动压桩机具、吊装定位、校正、压桩等。 计量单位：10m

定额编号				3-56	3-57
项目				单桩竖向承载力1000kN以内	
				桩径(mm)	
				250×250	300×300
名称			单位	消耗量	
人工	合计工日		工日	2.580	3.480
	其中	普工	工日	0.387	0.522
		一般技工	工日	1.820	2.455
		高级技工	工日	0.373	0.503
材料	垫木		m^3	0.010	0.010
	金属周转材料		kg	1.640	2.190
	低碳钢焊条(综合)		kg	0.610	0.910
	钢丝绳		kg	0.030	0.040
	镀锌铁丝(综合)		kg	0.150	0.160
	其他材料费		%	10.000	10.000
机械	高压油泵 80MPa		台班	0.936	1.189
	电动葫芦单速 2t		台班	0.720	0.960
	载重汽车 4t		台班	0.090	0.110
	液压压桩器 100t 千斤顶		台班	0.720	0.960

5. 送　桩

工作内容：吊运送桩器、打送桩、拔放送桩器等。 计量单位：10m

定额编号				3-58	3-59	3-60
项目				单桩竖向承载力500kN以内		
				桩径(mm)		
				200×200	250×250	300×300
名称			单位	消耗量		
人工	合计工日		工日	2.700	3.360	4.500
	其中	普工	工日	0.405	0.504	0.675
		一般技工	工日	1.905	2.370	3.175
		高级技工	工日	0.390	0.486	0.650
材料	垫木		m^3	0.010	0.010	0.010
	金属周转材料		kg	1.050	1.640	2.190
	低碳钢焊条(综合)		kg	0.470	0.520	0.610
	钢丝绳		kg	0.010	0.020	0.030
	镀锌铁丝(综合)		kg	0.060	0.100	0.130
	其他材料费		%	10.000	10.000	10.000
机械	高压油泵 80MPa		台班	0.896	1.056	1.139
	电动葫芦单速 2t		台班	1.000	1.690	2.250
	载重汽车 4t		台班	0.100	0.100	0.100
	液压压桩器 100t 千斤顶		台班	0.680	0.840	1.130

工作内容:吊运送桩器、打送桩、拔放送桩器等。　　**计量单位**:10m

定额编号				3-61	3-62
项目				单桩竖向承载力 1000kN 以内	
				桩径(mm)	
				250×250	300×300
名称			单位	消耗量	
人工	合计工日		工日	3.900	5.160
	其中	普工	工日	0.585	0.774
		一般技工	工日	2.751	3.640
		高级技工	工日	0.564	0.746
材料	垫木		m^3	0.010	0.010
	金属周转材料		kg	1.720	2.300
	低碳钢焊条(综合)		kg	0.540	0.620
	钢丝绳		kg	0.020	0.030
	镀锌铁丝(综合)		kg	0.100	0.130
	其他材料费		%	10.000	10.000
机械	高压油泵 80MPa		台班	1.197	1.531
	电动葫芦单速 2t		台班	1.940	2.590
	载重汽车 4t		台班	0.100	0.100
	液压压桩器 100t 千斤顶		台班	0.970	1.290

6. 接　　桩

工作内容:准备工具、桩顶垫平、硫黄胶泥熬制、灌注胶泥、接桩等。　　**计量单位**:10 个

定额编号				3-63	3-64	3-65
项目				硫黄胶泥接桩		
				桩径(mm)		
				200×200	250×250	300×300
名称			单位	消耗量		
人工	合计工日		工日	1.806	2.005	2.202
	其中	普工	工日	0.271	0.301	0.330
		一般技工	工日	1.274	1.414	1.554
		高级技工	工日	0.261	0.290	0.318
材料	垫木		m^3	0.020	0.020	0.020
	硫黄胶泥		kg	44.977	55.327	67.977
	圆钉		kg	0.440	0.440	0.440
	隔离剂		kg	0.210	0.210	0.210
	其他材料费		%	10.000	10.000	10.000

工作内容：准备工具、桩顶垫平、焊接等。 计量单位：10个

定额编号				3-66	3-67	3-68
项目				焊接接桩		
				桩径(mm)		
				200×200	250×250	300×300
名称			单位	消耗量		
人工	合计工日		工日	2.460	2.760	4.098
	其中	普工	工日	0.369	0.414	0.615
		一般技工	工日	1.736	1.947	2.891
		高级技工	工日	0.355	0.399	0.592
材料	角钢(综合)		kg	44.110	49.740	82.460
	低碳钢焊条(综合)		kg	4.640	4.770	11.060
	其他材料费		%	10.000	10.000	10.000
机械	交流弧焊机 32kV·A		台班	1.080	1.110	2.500

7. 孔内截桩

工作内容：放截桩标高线、截桩、人工清平桩头、桩头运到场内指定地点等。 计量单位：10个

定额编号				3-69	3-70	3-71
项目				孔内截桩		
				桩径(mm)		
				200×200	250×250	300×300
名称			单位	消耗量		
人工	合计工日		工日	7.860	9.252	10.632
	其中	普工	工日	1.179	1.388	1.595
		一般技工	工日	5.545	6.527	7.501
		高级技工	工日	1.136	1.337	1.536
机械	气腿式风动凿岩机		台班	0.950	1.020	1.250
	电动空气压缩机 $6m^3/min$		台班	0.950	1.020	1.250

8. 混凝土封桩

工作内容：桩孔内吸水，清洗孔壁，分二次灌注混凝土，浇捣，养护，连接钢筋制作、安装等。 计量单位：10个

定额编号				3-72	3-73	3-74
项目				不预加载封桩		
				桩径(mm)		
				200×200	250×250	300×300
名称			单位	消耗量		
人工	合计工日		工日	2.876	3.310	3.418
	其中	普工	工日	0.368	0.408	0.395
		一般技工	工日	2.073	2.397	2.494
		高级技工	工日	0.435	0.505	0.529
材料	预拌混凝土 C30		m^3	0.640	0.890	1.180
	圆钢(综合)		kg	25.440	25.440	32.190
	水		m^3	0.224	0.312	0.413
	电		kW·h	0.768	1.068	1.416
	其他材料费		%	10.000	10.000	10.000

工作内容:清除孔内残渣,清洗孔壁,安装封桩墩及反力架和千斤顶,分二次灌注混凝土,浇捣,养护,拆除反力架和千斤顶,连接钢筋制作、安装等。　　**计量单位:**10个

定额编号				3-75	3-76
项目				预加载封桩桩径(mm)200×200	
				单桩竖向承载力	
				500kN 以内	1000kN 以内
名称			单位	消耗量	
人工	合计工日		工日	10.376	10.376
	其中	普工	工日	1.493	1.493
		一般技工	工日	7.364	7.364
		高级技工	工日	1.519	1.519
材料	预拌混凝土 C30		m^3	0.640	0.640
	圆钢(综合)		kg	25.440	25.440
	水		m^3	0.224	0.224
	中厚钢板(综合)		kg	76.870	76.870
	型钢(综合)		kg	209.100	209.100
	金属周转材料		kg	15.790	12.580
	电		kW·h	0.768	0.768
	其他材料费		%	4.000	4.000
机械	高压油泵 80MPa		台班	1.250	1.250
	立式油压千斤顶 100t		台班	130.000	—
	立式油压千斤顶 200t		台班	—	130.000

工作内容:清除孔内残渣,清洗孔壁,安装封桩墩及反力架和千斤顶,分二次灌注混凝土,浇捣,养护,拆除反力架和千斤顶,连接钢筋制作、安装等。　　**计量单位:**10个

定额编号				3-77	3-78
项目				预加载封桩桩径(mm)250×250	
				单桩竖向承载力	
				500kN 以内	1000kN 以内
名称			单位	消耗量	
人工	合计工日		工日	12.130	12.130
	其中	普工	工日	1.731	1.731
		一般技工	工日	8.620	8.620
		高级技工	工日	1.779	1.779
材料	预拌混凝土 C30		m^3	0.890	0.890
	圆钢(综合)		kg	25.440	25.440
	水		m^3	0.312	0.312
	中厚钢板(综合)		kg	76.870	76.870
	型钢(综合)		kg	209.100	209.100
	金属周转材料		kg	15.790	12.580
	电		kW·h	1.068	1.068
	其他材料费		%	4.000	4.000
机械	高压油泵 80MPa		台班	1.250	1.250
	立式油压千斤顶 100t		台班	130.000	—
	立式油压千斤顶 200t		台班	—	130.000

工作内容：清除孔内残渣，清洗孔壁，安装封桩墩及反力架和千斤顶，分二次灌注混凝土，浇捣，养护，拆除反力架和千斤顶，连接钢筋制作、安装等。 计量单位：10个

定额编号				3-79	3-80
项目				预加载封桩桩径(mm)300×300	
				单桩竖向承载力	
				500kN以内	1000kN以内
名称			单位	消耗量	
人工	合计工日		工日	14.133	14.133
	其中	普工	工日	2.002	2.002
		一般技工	工日	10.054	10.054
		高级技工	工日	2.077	2.077
材料	预拌混凝土 C30		m^3	1.180	1.180
	圆钢(综合)		kg	32.190	32.190
	水		m^3	0.413	0.413
	中厚钢板(综合)		kg	76.870	76.870
	型钢(综合)		kg	209.100	209.100
	金属周转材料		kg	15.790	12.580
	电		kW·h	1.416	1.416
	其他材料费		%	4.000	4.000
机械	高压油泵 80MPa		台班	1.250	1.250
	立式油压千斤顶 100t		台班	130.000	—
	立式油压千斤顶 200t		台班	—	130.000

9. 锚杆静压桩场内运输

(1) 人力水平运输锚杆静压桩

工作内容：装运、卸料等。 计量单位：$10m^3$

定额编号			3-81	3-82
项目			双轮车水平运输	
			运距50m	运距500m以内每增加50m
名称		单位	消耗量	
人工	合计工日	工日	4.500	2.244
	普工	工日	4.500	2.244

(2) 地下室人力垂直运输锚杆静压桩

工作内容：装运、卸料等。 计量单位：$10m^3$

定额编号			3-83	3-84	3-85
项目			锚杆静压桩		
			地下室层数		
			一层	二层	三层
名称		单位	消耗量		
人工	合计工日	工日	14.196	26.958	45.360
	普工	工日	14.196	26.958	45.360

四、柱　加　固

工作内容：混凝土的浇筑、振捣、养护。　　　　**计量单位：**10m³

定额编号			3-86	3-87	3-88	3-89	3-90
项目			混凝土包砖柱	加附墙柱		柱截面加大	柱梁接头加牛腿
				壁柱	转角柱		
	名称	单位	消耗量				
人工	合计工日	工日	19.225	18.561	18.451	20.250	23.661
	其中 普工	工日	3.804	3.710	3.600	5.750	4.730
	其中 一般技工	工日	13.108	12.623	12.623	11.050	16.091
	其中 高级技工	工日	2.314	2.228	2.228	3.450	2.840
材料	预拌混凝土 C25	m³	9.991	9.991	9.991	9.991	9.991
	预拌水泥砂浆	m³	0.309	0.309	0.309	0.309	0.309
	土工布	m²	1.209	1.005	1.005	1.005	1.005
	水	m³	2.259	2.086	2.086	2.086	2.086
	电	kW·h	5.859	5.859	5.859	5.859	5.859
	其他材料费	%	0.450	0.450	0.450	0.450	0.450
机械	干混砂浆罐式搅拌机	台班	0.031	0.031	0.031	0.031	0.03

五、梁　加　固

工作内容：混凝土的浇筑、振捣、养护。　　　　**计量单位：**10m³

定额编号			3-91	3-92	3-93	3-94	3-95
项目			加基础梁	加附墙圈梁	板下加梁	梁截面加大	
						梁下加固	梁下及两侧加固
	名称	单位	消耗量				
人工	合计工日	工日	12.135	20.860	24.980	28.816	26.621
	其中 普工	工日	2.434	4.000	4.980	5.765	5.150
	其中 一般技工	工日	8.246	14.331	17.000	19.593	18.250
	其中 高级技工	工日	1.455	2.529	3.000	3.458	3.221
材料	预拌混凝土 C25	m³	10.300	10.300	10.300	10.300	10.300
	塑料薄膜	m²	33.353	33.353	33.353	33.353	33.353
	土工布	m²	3.326	3.326	3.326	3.326	3.326
	水	m³	3.192	3.192	3.192	3.192	3.460
	电	kW·h	4.875	4.875	5.322	5.656	5.656
	其他材料费	%	0.450	0.450	0.450	0.450	0.450

六、板　加　固

工作内容:1. 混凝土的拆除、清理,原混凝土板的凿毛,清理及运输至场内指定点;
2. 混凝土的浇筑、振捣、养护。

计量单位:10m³

定额编号				3-96	3-97
项目				置换板	原板上浇叠合层
名称			单位	消耗量	
人工	合计工日		工日	12.891	14.330
	其中	普工	工日	2.580	2.870
		一般技工	工日	8.764	9.741
		高级技工	工日	1.547	1.719
材料	预拌混凝土 C25		m³	10.300	10.300
	塑料薄膜		m²	71.100	71.100
	土工布		m²	7.109	7.109
	水		m³	4.309	4.309
	电		kW·h	4.725	4.725
	其他材料费		%	0.450	0.450
机械	混凝土抹平机		台班	0.175	0.175

七、墙　加　固

工作内容:混凝土的浇筑、振捣、养护。

计量单位:10m³

定额编号				3-98	3-99
项目				新增抗震墙	砖(混凝土)墙面包混凝土
名称			单位	消耗量	
人工	合计工日		工日	11.171	15.756
	其中	普工	工日	2.240	1.456
		一般技工	工日	7.591	12.155
		高级技工	工日	1.340	2.145
材料	预拌混凝土 C25		m³	10.020	10.020
	预拌水泥砂浆		m³	0.280	0.280
	土工布		m²	0.958	0.958
	水		m³	2.172	4.500
	电		kW·h	4.688	4.688
	其他材料费		%	0.450	0.450
机械	干混砂浆罐式搅拌机		台班	0.028	0.028

工作内容:1. 基层清理,喷射混凝土制作、运输、喷射、收回弹料、养护、找平面层等全部操作过程;

2. 清理基层、修补、湿润基层、墙眼堵塞、聚合物砂浆调制、运输、抹平、清扫落地灰等全部操作过程。

计量单位:$10m^2$

定额编号				3-100	3-101	3-102	3-103
项目				墙面喷射混凝土		钢丝(钢丝绳)网片加固(聚合物砂浆)	
				网喷		厚度35mm	每增(减)5mm
				初喷厚50mm	每增(减)喷厚10mm		
名称			单位	消耗量			
人工	合计工日		工日	1.237	0.226	2.180	0.299
	其中	普工	工日	0.371	0.068	0.440	0.050
		一般技工	工日	0.742	0.135	1.479	0.212
		高级技工	工日	0.124	0.023	0.261	0.037
材料	预拌细石混凝土 C20		m^3	0.660	0.130	—	—
	高压橡胶管(综合)		m	0.186	0.037	—	—
	聚合物粘结砂浆		kg	—	—	560.000	80.000
	水		m^3	1.126	0.225	0.700	0.100
	电		kW·h	—	—	5.673	0.816
	其他材料费		%	1.800	1.800	2.000	2.000
机械	混凝土湿喷机 $5m^3/h$		台班	0.070	0.011	—	—
	电动空气压缩机 $10m^3/min$		台班	0.065	0.010	—	—

八、基层及界面处理

1. 剔除旧混凝土

工作内容:放线、定位、凿(剔)旧混凝土、工作面清理、垃圾堆放。

计量单位:$100m^2$

定额编号				3-104	3-105	3-106	3-107
项目				旧混凝土剔除及表面凿毛			
				基础	柱、墙	梁、板底	板面
名称			单位	消耗量			
人工	合计工日		工日	19.560	16.068	20.958	10.711
	其中	普工	工日	2.934	2.410	3.144	1.607
		一般技工	工日	16.626	13.658	17.814	9.104
材料	转子		只	1.015	1.015	1.015	1.015
	轴承 203		个	3.120	3.120	3.120	3.120
	刨刀片		片	11.100	11.100	11.100	11.100
	电		kW·h	40.000	45.720	64.000	35.560
	其他材料费		%	1.000	1.000	1.000	2.000

2.阻　　锈

工作内容:基层清理,清洗、除锈及湿润,涂刷阻锈剂。　　计量单位:100m²

定额编号			3-108
项目			混凝土表面阻锈
名称		单位	消耗量
人工	合计工日	工日	12.204
	其中 普工	工日	1.679
	一般技工	工日	9.517
	高级技工	工日	1.008
材料	阻锈剂	kg	63.000
	其他材料费	%	1.800

九、特 殊 加 固

工作内容:材料运输、孔点测定、钻孔、矫正、清灰、钢筋打磨、灌胶、养护等。　　计量单位:10个

定额编号			3-109	3-110	3-111	3-112	3-113
项目			结构植钢筋 直径(mm)				
			≤ϕ10	≤ϕ14	≤ϕ18	≤ϕ25	≤ϕ40
名称		单位	消耗量				
人工	合计工日	工日	0.348	0.457	0.574	0.646	0.765
	其中 普工	工日	0.104	0.137	0.172	0.194	0.229
	一般技工	工日	0.209	0.274	0.345	0.387	0.459
	高级技工	工日	0.035	0.046	0.057	0.065	0.077
材料	合金钢钻头 ϕ14	个	0.290	—	—	—	—
	合金钢钻头 ϕ16~20	个	—	0.290	—	—	—
	合金钢钻头 ϕ22~26	个	—	—	0.380	—	—
	合金钢钻头 ϕ28~34	个	—	—	—	0.380	0.630
	结构胶	L	0.229	0.514	0.969	1.756	5.212
	丙酮	kg	0.350	0.700	1.090	1.622	3.370
	棉纱头	kg	0.140	0.140	0.140	0.140	0.140
	电	kW·h	0.264	0.396	0.660	0.924	1.320
	其他材料费	%	2.000	2.000	2.000	2.000	2.000

工作内容:基层处理、放线、钻孔、清理粘钢混凝土结构面、钢板下料、钻栓孔、钢板除锈、钢板拼装、涂胶粘钢、刷防锈漆、清理工作面等。　　计量单位:10m²

定额编号			3-114	3-115	3-116	3-117
项目			直接法结构胶粘钢(钢板厚度 mm)			
			≤5	≤10	≤15	≤20
名称		单位	消耗量			
人工	合计工日	工日	18.504	19.728	21.096	22.392
	其中 一般技工	工日	15.728	16.769	17.932	19.033
	高级技工	工日	2.776	2.959	3.164	3.359
材料	钢材	kg	333.000	666.000	998.000	1498.000
	粘钢胶	kg	49.680	49.680	49.680	49.680
	电	kW·h	42.071	44.286	46.500	48.825
	其他材料费	%	5.000	5.000	5.000	5.000

工作内容：清理基层，钢板除锈，钢板下料、制作、安装，机具配置、准备，配、调、注（浆）胶料，清理工作面，固化养护等。

计量单位：10m²

<table>
<tr><td colspan="3">定额编号</td><td>3-118</td><td>3-119</td><td>3-120</td><td>3-121</td><td>3-122</td></tr>
<tr><td colspan="3" rowspan="2">项目</td><td colspan="4">后注工法结构胶粘钢（钢板厚度 mm）</td><td>后注工法结构胶粘钢</td></tr>
<tr><td>≤5</td><td>≤10</td><td>≤15</td><td>≤20</td><td>型钢</td></tr>
<tr><td colspan="2">名称</td><td>单位</td><td colspan="5">消耗量</td></tr>
<tr><td rowspan="3">人工</td><td>合计工日</td><td>工日</td><td>19.576</td><td>20.872</td><td>22.320</td><td>23.688</td><td>23.936</td></tr>
<tr><td>其中 一般技工</td><td>工日</td><td>16.640</td><td>17.741</td><td>18.972</td><td>20.135</td><td>20.346</td></tr>
<tr><td>其中 高级技工</td><td>工日</td><td>2.936</td><td>3.131</td><td>3.348</td><td>3.553</td><td>3.590</td></tr>
<tr><td rowspan="4">材料</td><td>钢材</td><td>kg</td><td>333.000</td><td>666.000</td><td>998.000</td><td>1498.000</td><td>601.000</td></tr>
<tr><td>粘钢胶</td><td>kg</td><td>57.120</td><td>57.120</td><td>57.120</td><td>57.120</td><td>57.120</td></tr>
<tr><td>电</td><td>kW·h</td><td>42.071</td><td>44.286</td><td>46.500</td><td>48.825</td><td>44.286</td></tr>
<tr><td>其他材料费</td><td>%</td><td>5.000</td><td>5.000</td><td>5.000</td><td>5.000</td><td>5.000</td></tr>
</table>

工作内容：基层处理、放线、钻孔、清理粘钢混凝土结构面、钢板下料、钻栓孔、钢板除锈、钢板拼装、填塞豆石、灌浆、刷防锈漆、清理工作面等。

计量单位：10m²

<table>
<tr><td colspan="3">定额编号</td><td>3-123</td><td>3-124</td><td>3-125</td><td>3-126</td><td>3-127</td></tr>
<tr><td colspan="3" rowspan="2">项目</td><td colspan="4">后注工法灌注水泥浆加固（钢板厚度 mm）</td><td>后注工法灌水泥浆加固</td></tr>
<tr><td>≤5</td><td>≤10</td><td>≤15</td><td>≤20</td><td>型钢</td></tr>
<tr><td colspan="2">名称</td><td>单位</td><td colspan="5">消耗量</td></tr>
<tr><td rowspan="3">人工</td><td>合计工日</td><td>工日</td><td>29.472</td><td>31.864</td><td>33.904</td><td>35.840</td><td>35.840</td></tr>
<tr><td>其中 一般技工</td><td>工日</td><td>25.051</td><td>27.084</td><td>28.818</td><td>30.464</td><td>30.464</td></tr>
<tr><td>其中 高级技工</td><td>工日</td><td>4.421</td><td>4.780</td><td>5.086</td><td>5.376</td><td>5.376</td></tr>
<tr><td rowspan="7">材料</td><td>钢材</td><td>kg</td><td>333.000</td><td>666.000</td><td>998.000</td><td>1498.000</td><td>601.000</td></tr>
<tr><td>密封胶</td><td>kg</td><td>24.500</td><td>24.500</td><td>24.500</td><td>24.500</td><td>24.500</td></tr>
<tr><td>素水泥浆</td><td>m³</td><td>0.414</td><td>0.414</td><td>0.414</td><td>0.414</td><td>0.414</td></tr>
<tr><td>豆石</td><td>m³</td><td>0.521</td><td>0.521</td><td>0.521</td><td>0.521</td><td>0.521</td></tr>
<tr><td>水</td><td>m³</td><td>1.422</td><td>1.422</td><td>1.422</td><td>1.422</td><td>1.422</td></tr>
<tr><td>电</td><td>kW·h</td><td>42.071</td><td>44.286</td><td>46.500</td><td>48.825</td><td>44.286</td></tr>
<tr><td>其他材料费</td><td>%</td><td>5.000</td><td>5.000</td><td>5.000</td><td>5.000</td><td>5.000</td></tr>
<tr><td>机械</td><td>双锥反转出料混凝土搅拌机 500L</td><td>台班</td><td>0.016</td><td>0.016</td><td>0.016</td><td>0.016</td><td>0.016</td></tr>
</table>

工作内容：定位放线、基层处理（混凝土面层处理）、找平处理、涂刷找平胶、粘贴碳纤维片材、涂刷面胶、固化养护、清理工作面等。

计量单位：10m²

<table>
<tr><td colspan="3">定额编号</td><td>3-128</td><td>3-129</td></tr>
<tr><td colspan="3" rowspan="2">项目</td><td colspan="2">粘贴碳纤维布（单位面积质量 250g/m²）</td></tr>
<tr><td>一层碳纤维布</td><td>每增一层</td></tr>
<tr><td colspan="2">名称</td><td>单位</td><td colspan="2">消耗量</td></tr>
<tr><td rowspan="4">人工</td><td>合计工日</td><td>工日</td><td>15.120</td><td>7.440</td></tr>
<tr><td>其中 普工</td><td>工日</td><td>0.952</td><td>—</td></tr>
<tr><td>其中 一般技工</td><td>工日</td><td>12.043</td><td>6.324</td></tr>
<tr><td>其中 高级技工</td><td>工日</td><td>2.125</td><td>1.116</td></tr>
<tr><td rowspan="5">材料</td><td>碳纤维布 250g</td><td>m²</td><td>11.000</td><td>11.000</td></tr>
<tr><td>碳纤维胶</td><td>kg</td><td>15.000</td><td>15.000</td></tr>
<tr><td>找平胶</td><td>kg</td><td>12.000</td><td>—</td></tr>
<tr><td>电</td><td>kW·h</td><td>0.652</td><td>—</td></tr>
<tr><td>其他材料费</td><td>%</td><td>5.000</td><td>5.000</td></tr>
</table>

工作内容：1. 裂缝处理；
2. 环氧树脂补缝、贴玻纤布；
3. 粘贴注胶底座、封缝、配胶、灌胶；
4. 成品保护、清理工作面等。

计量单位：10m

定额编号				3-130	3-131	3-132
项目				混凝土裂缝封闭（裂缝宽度 mm）	混凝土裂缝灌缝加固（裂缝宽度 mm）	
				≤0.2	≤0.5	>0.5
名称			单位	消耗量		
人工	合计工日		工日	2.720	5.872	9.656
	其中	一般技工	工日	2.312	4.991	8.208
		高级技工	工日	0.408	0.881	1.448
材料	环氧树脂		kg	2.500	—	—
	玻璃纤维布 δ0.2		m^2	2.200	—	—
	灌注胶		kg	—	3.300	8.500
	注胶嘴		个	—	44.000	24.000
	注射器		个	—	11.000	6.000
	电		kW·h	—	8.000	10.667
	其他材料费		%	2.000	2.000	2.000

十、钢筋、预埋铁件制作、安装

工作内容：钢筋制作、运输、绑扎、除锈、安装等全部操作过程。

计量单位：t

定额编号				3-133	3-134	3-135	3-136	3-137	3-138
项目				钢筋 HPB300		带肋钢筋 HRB400 以内			
				直径（mm）					
				≤10	>10	≤10	≤18	≤25	≤40
名称			单位	消耗量					
人工	合计工日		工日	11.435	7.611	9.506	8.188	5.626	4.598
	其中	普工	工日	3.430	2.006	2.851	2.456	1.688	1.379
		一般技工	工日	6.861	4.781	5.704	4.913	3.375	2.759
		高级技工	工日	1.144	0.824	0.951	0.819	0.563	0.460
材料	HPB300 ϕ10 以内		kg	1030.000	—	—	—	—	—
	钢筋 HPB300 ϕ10 以上		kg	—	1035.000	—	—	—	—
	钢筋 HRB400 以内 ϕ10 以内		kg	—	—	1030.000	—	—	—
	钢筋 HRB400 以内 ϕ12～18		kg	—	—	—	1035.000	—	—
	钢筋 HRB400 以内 ϕ20～25		kg	—	—	—	—	1035.000	—
	钢筋 HRB400 以内 ϕ25 以上		kg	—	—	—	—	—	1035.000
	镀锌铁丝 ϕ0.7		kg	9.801	4.275	6.204	4.015	1.760	0.957
	低碳钢焊条（综合）		kg	—	5.600	—	5.940	5.280	—
	水		m^3	—	0.110	—	0.158	0.102	—
机械	钢筋调直机 40mm		台班	0.300	0.100	0.338	—	—	—
	钢筋切断机 40mm		台班	0.138	0.138	0.138	0.125	0.113	0.113
	钢筋弯曲机 40mm		台班	0.438	0.222	0.388	0.288	0.225	0.163
	直流弧焊机 32kV·A		台班	—	0.354	—	0.563	0.500	—
	对焊机 75kV·A		台班	—	0.109	—	0.138	0.075	—
	电焊条烘干箱 45×35×45（cm^3）		台班	—	0.045	—	0.056	0.050	—

工作内容:钢筋制作、运输、绑扎、除锈、安装等全部操作过程。 **计量单位**:t

定额编号				3-139	3-140	3-141	3-142
项目				带肋钢筋 HRB400 以上			
				直径(mm)			
				≤10	≤18	≤25	≤40
名称			单位	消耗量			
人工	合计工日		工日	9.959	8.571	5.881	4.801
	其中	普工	工日	2.988	2.571	1.765	1.440
		一般技工	工日	5.975	5.142	3.528	2.881
		高级技工	工日	0.996	0.858	0.588	0.480
材料	钢筋 HRB400 以上 φ10 以内		kg	1030.000	—	—	—
	钢筋 HRB400 以上 φ12~18		kg	—	1035.000	—	—
	钢筋 HRB400 以上 φ20~25		kg	—	—	1035.000	—
	钢筋 HRB400 以上 φ25 以上		kg	—	—	—	1035.000
	低碳钢焊条(综合)		kg	—	7.207	6.521	—
	镀锌铁丝 φ0.7		kg	6.204	4.015	1.757	0.957
	水		m^3	—	0.158	0.102	—
机械	钢筋调直机 40mm		台班	0.768	0.119	—	—
	钢筋切断机 40mm		台班	0.533	0.131	0.119	0.119
	钢筋弯曲机 40mm		台班	0.545	0.303	0.236	0.171
	直流弧焊机 32kV·A		台班	—	0.591	0.525	—
	对焊机 75kV·A		台班	—	0.119	0.079	—
	电焊条烘干箱 45×35×45(cm^3)		台班	—	0.059	0.053	—

工作内容:钢筋制作、运输、绑扎、除锈、安装等全部操作过程。 **计量单位**:t

定额编号				3-143	3-144
项目				箍筋	
				圆钢 HPB300	
				直径(mm)	
				≤10	>10
名称			单位	消耗量	
人工	合计工日		工日	20.039	10.380
	其中	普工	工日	6.011	3.114
		一般技工	工日	12.024	6.228
		高级技工	工日	2.004	1.038
材料	HPB300 φ10 以内		kg	1030.000	—
	钢筋 HPB300 φ10 以上		kg	—	1035.000
	镀锌铁丝 φ0.7		kg	11.040	5.082
机械	钢筋调直机 40mm		台班	0.380	0.150
	钢筋切断机 40mm		台班	0.200	0.113
	钢筋弯曲机 40mm		台班	1.640	0.813

工作内容：钢筋制作、运输、绑扎、除锈、安装等全部操作过程。 计量单位：t

定额编号				3-145	3-146	3-147	3-148
项目				箍筋			
				带肋钢筋 HRB400 以内		带肋钢筋 HRB400 以上	
				直径(mm)			
				≤10	>10	≤10	>10
名称			单位	消耗量			
人工	合计工日		工日	18.902	10.870	19.439	11.166
	其中	普工	工日	5.663	3.260	5.831	3.350
		一般技工	工日	11.348	6.523	11.664	6.700
		高级技工	工日	1.891	1.088	1.944	1.116
材料	钢筋 HRB400 以内 ϕ10 以内		kg	1030.000	—	—	—
	钢筋 HRB400 以内 ϕ10 以上		kg	—	1035.000	—	—
	钢筋 HRB400 以上 ϕ10 以内		kg	—	—	1030.000	—
	钢筋 HRB400 以上 ϕ10 以上		kg	—	—	—	1035.000
	镀锌铁丝 ϕ0.7		kg	11.041	5.082	11.041	5.082
机械	钢筋调直机 40mm		台班	0.388	0.163	0.400	0.163
	钢筋切断机 40mm		台班	0.238	0.113	0.250	0.125
	钢筋弯曲机 40mm		台班	1.725	0.850	1.775	0.875

工作内容：钢筋绑扎、安装等全部操作过程。 计量单位：t

定额编号				3-149	3-150	3-151	3-152
项目				成型钢筋			
				带肋钢筋			
				直径(mm)			
				≤10	≤18	≤25	≤40
名称			单位	消耗量			
人工	合计工日		工日	5.697	4.903	3.365	2.747
	其中	普工	工日	1.709	1.471	1.009	0.824
		一般技工	工日	3.418	2.941	2.019	1.648
		高级技工	工日	0.570	0.491	0.337	0.275
材料	成型钢筋 ϕ10 以内		kg	1010.000	—	—	—
	成型钢筋 ϕ12～18		kg	—	1010.000	—	—
	成型钢筋 ϕ20～25		kg	—	—	1010.000	—
	成型钢筋 ϕ25 以上		kg	—	—	—	1010.000
	镀锌铁丝 ϕ0.7		kg	6.204	4.015	1.757	0.957

工作内容:钢筋绑扎、安装等全部操作过程。　　计量单位:t

定额编号				3-153	3-154
项目				成型箍筋	
				直径(mm)	
				≤10	>10
名称			单位	消耗量	
人工	合计工日		工日	11.119	6.386
	其中	普工	工日	3.335	1.916
		一般技工	工日	6.672	3.832
		高级技工	工日	1.112	0.638
材料	成型钢筋 φ10 以内		kg	1010.000	—
	成型钢筋 φ10 以上		kg	—	1010.000
	镀锌铁丝 φ0.7		kg	11.041	5.082

工作内容:1. 预埋铁件、校正、固定焊接等全部操作过程;

2. 材料运输、校正、下料、焊接、焊口、挤压、清理、旧混凝土保护层的凿除、连接点清理、钢筋的整形、除锈、节点处理等。

定额编号				3-155	3-156	3-157
项目				预埋铁件	焊接钢筋接头	
					直径(mm)	
					≤10	>10
计量单位				t	10个	
名称			单位	消耗量		
人工	合计工日		工日	18.241	0.260	0.310
	其中	普工	工日	5.472	—	—
		一般技工	工日	10.945	0.221	0.263
		高级技工	工日	1.824	0.039	0.047
材料	预埋铁件		kg	1040.000	—	—
	低碳钢焊条(综合)		kg	36.000	1.200	1.400
	乙炔气		m^3	—	0.050	0.050
	氧气		m^3	—	0.110	0.130
	其他材料费		%	0.550	5.000	5.000
机械	直流弧焊机 32kV·A		台班	4.741	0.180	0.220
	电焊条烘干箱 45×35×45(cm^3)		台班	0.474	—	—

工作内容:材料运输、校正、除锈、打磨、套丝、加工、检验等。　　计量单位:10 个

定额编号				3-158	3-159	3-160	3-161	3-162
项目				直螺纹钢筋接头				
				钢筋直径(mm)				
				≤16	≤20	≤25	≤32	≤40
名称			单位	消耗量				
人工	合计工日		工日	0.693	0.743	0.809	0.861	0.913
	其中	普工	工日	0.209	0.224	0.243	0.259	0.274
		一般技工	工日	0.415	0.445	0.485	0.516	0.548
		高级技工	工日	0.069	0.074	0.081	0.086	0.091
材料	直螺纹连接套筒		只	10.100	10.100	10.100	10.100	10.100
	润滑冷却液		kg	0.100	0.100	0.100	0.100	0.100
	尼龙帽		个	20.200	20.200	20.200	20.200	20.200
机械	螺栓套丝机 39mm		台班	0.175	0.200	0.225	0.263	0.313

工作内容:材料运输、校正、除锈、打磨、套丝、加工、检验等。　　计量单位:10 个

定额编号				3-163	3-164	3-165	3-166	3-167
项目				锥螺纹钢筋接头				
				钢筋直径(mm)				
				≤16	≤20	≤25	≤32	≤40
名称			单位	消耗量				
人工	合计工日		工日	0.705	0.760	0.826	0.888	0.931
	其中	普工	工日	0.213	0.228	0.248	0.266	0.279
		一般技工	工日	0.423	0.456	0.496	0.533	0.559
		高级技工	工日	0.070	0.076	0.083	0.089	0.094
材料	锥螺纹套筒		只	10.100	10.100	10.100	10.100	10.100
	润滑冷却液		kg	0.100	0.100	0.100	0.100	0.100
	尼龙帽		个	20.200	20.200	20.200	20.200	20.200
机械	锥形螺纹车丝机 45mm		台班	0.175	0.200	0.225	0.263	0.313

工作内容:材料运输、接头校正、除锈、打磨、套丝挤压、清理等。　　计量单位:10 个

定额编号				3-168	3-169
项目				螺纹钢筋冷挤压接头	
				钢筋直径(mm)	
				≤25	≤40
名称			单位	消耗量	
人工	合计工日		工日	0.498	0.583
	其中	普工	工日	0.149	0.174
		一般技工	工日	0.299	0.350
		高级技工	工日	0.050	0.059
材料	冷挤压套筒		套	10.100	10.100
	其他材料费		%	2.000	2.000
机械	钢筋挤压连接机		台班	0.163	0.213

工作内容:铺钢丝网(钢丝绳网片),钢钉、射钉固定等全部操作过程。　　**计量单位**:10m²

定额编号				3-170	3-171
项目				铺钢丝网	铺钢丝绳网片
名称			单位	消耗量	
人工	合计工日		工日	0.960	2.128
	其中	普工	工日	0.190	0.424
		一般技工	工日	0.654	1.448
		高级技工	工日	0.116	0.256
材料	射钉		10个	10.400	10.400
	钢丝网(综合)		m²	11.000	—
	钢丝绳网片		m²	—	11.000
	电		kW·h	5.673	5.673
	其他材料费		%	3.000	3.000
机械	电动空气压缩机 1m³/min		台班	—	0.300

第四章　木结构工程

说　明

一、本章定额包括木楼板、木楼梯、木屋架、木梁柱、檩木支撑和屋面木基层、封檐板共六节。

二、一般说明：

1. 木材的分类：

一类：红松、杉木。

二类：白松、杉松、杨柳木、椴木、樟子松、云杉。

三类：青松、水曲柳、黄花松、秋子木、马尾松、榆木、柏木、樟木、苦练子、梓木、楠木、槐木、黄菠萝、椿木。

四类：柞木（稠木、青杠）、檀木、色木、红木、荔木、柚木、麻栗木、桦木。

2. 本章是按手工和机械操作、场内制作和场外集中加工综合编制的。

3. 本章消耗材积已考虑了配断和操作损耗，需干燥木材和刨光的构件，项目材积内已考虑了干燥木材和刨光损耗。改锯、开料损耗及出材率在材料价格内计算。

4. 本章中所注明的直径、截面、长度或厚度均以设计尺寸为准。

5. 本章的圆柱、圆檩等圆形截面构件是直接采用原木加工考虑的，其余构件是按板枋材加工考虑的。

6. 本章定额中的拆换项目包括拆除、制作、安装全部内容，制安项目为加固时新增加的木作，包括制作、安装内容。

7. 本章如使用旧木料，人工乘以系数 1.15，旧木料的用量按定额用量乘以系数 1.2。

三、木楼板：

1. 木楼板本身应为木结构件，并非木楼板的装饰面层。

2. 木楼地楞定额按中距 500mm，断面 50mm × 180mm，每 100m^2 木楼板的楞木长度按 313.3m 计算，如设计规定不同，楞木料可以换算，其他不变。

3. 木楼板厚度按 25mm 毛料计算，如设计规定厚度不同，可按比例换算，其他工料不变。

四、木屋架：

1. 屋架的跨度是指屋架两端上下弦中心线交点之间的长度。

2. 屋架需刨光者，人工乘以系数 1.15，木材材积乘以系数 1.05。

五、各种柱、梁、枋项目综合考虑了其不同位置，采用卯榫连结。若使用箍头榫，另行计算用工。

六、木檩条、木支撑：

1. 圆木檩条项目内已包括刨光工料，如设计规定檩条需滚圆取直时，其木材材积乘以系数 1.05，人工乘以系数 1.25。

2. 搭拆临时支撑定额已综合考虑材料的周转使用。

七、屋面板制作板材厚度按毛料计算，如厚度不同，锯材按比例换算，其他不变。

八、本分部定额中的铁件、螺栓数量，如与设计不同，按设计用量调整，损耗率为 1% 。

工程量计算规则

一、木楼板按面层设计图示尺寸以面积计算。门洞、空圈、暖气包槽、壁龛的开口部分并入相应的工程量内。

二、木屋架制安项目均按设计图示的规格尺寸以体积计算,其后备长度及配制损耗均已包括在项目内,不另计算。附属于屋架的木夹板、垫木、风撑与屋架连接的挑檐木均按竣工木材计算后并入相应的屋架内。与圆木屋架相连的挑檐木、风撑等如为方木时,应乘以系数1.563折合圆木,并入圆木屋架竣工木材材积内。屋架的马尾、折角和正交部分的半屋架应并入相连接的正屋架竣工材积内。屋架铁箍加固、紧螺栓、绑铅丝等项目的工程量分别以份、根、道为单位计算。

三、木柱、梁、枋、檩等以“m^3”计算,以其长度乘以截面面积,长度和截面计算按下列规则:

1. 圆柱形构件以其最大截面,矩形构件按矩形截面,多角形构件按多角形截面计算。

2. 柱长按图示尺寸,有柱顶面(磉磴或连磉、软磉)由其上皮算至梁、枋或檩的下皮,套顶榫按实长计入体积内。

3. 梁、枋端头为半榫或银锭榫的,其长度算至柱中,透榫或箍头榫算至榫头外端。

四、木楼梯按设计图示尺寸以水平投影面积计算。不扣除宽度小于300mm的楼梯井,其踢脚板、平台和伸入墙内部分,不另计算。

五、木檩条长度按设计规定长度计算,搭接长度和搭角出头部分应计算在内。悬山出挑、歇山收山者,山面算至博风外皮,硬山算至排山梁架外皮,硬山搁檩者,算至山墙中心线。

六、屋面木基层工程量按斜面积以“m^2”计算,不扣除附墙烟囱、通风孔、通风帽底座、屋顶小气窗和斜沟的面积。天窗挑檐与屋面重叠部分另行计算,并入屋面木基层工程量内。

七、增设木支撑、木条杆按竣工材积以“m^3”计算。

八、铁夹板加固屋架节点、木夹板加固屋架节点按加固节点数量以“个”计算。

九、木檩条节点加固按加固节点数量以“个”计算。

一、木　楼　板

工作内容：1. 拆除；
2. 木地楞、剪刀撑制作及安装；
3. 端头刷防腐油，清理净面等全部操作过程。

计量单位：100m²

定　额　编　号				4-1	4-2
项　　目				方木楼地楞带剪刀撑	圆木楼地楞带剪刀撑
				拆换	
名　　称			单位	消　耗　量	
人工	合计工日		工日	9.700	12.350
	其中	普工	工日	3.880	4.940
		一般技工	工日	4.950	6.300
		高级技工	工日	0.870	1.110
材料	原木		m^3	—	3.320
	板枋材		m^3	3.469	0.520
	铁铆钉		kg	5.310	13.600
	防腐油		kg	8.270	9.000

工作内容：1. 拆除；
2. 木地板制作，企口单面刨光，压条刨光；
3. 木地板安装刷防腐油，清理净面等全部操作过程。

计量单位：100m²

定　额　编　号				4-3	4-4	4-5	4-6
项　　目				木楼板拆换			
				毛木地板	平口地板	企口地板	
				铺在木楞上		板宽＞75mm	板宽≤75mm
						铺在木楞上	
名　　称			单位	消　耗　量			
人工	合计工日		工日	13.200	21.000	21.160	27.560
	其中	普工	工日	6.600	10.500	10.580	13.780
		一般技工	工日	5.610	8.925	8.993	11.713
		高级技工	工日	0.990	1.575	1.587	2.067
材料	板枋材		m^3	3.560	3.655	3.890	4.919
	塑料纱		m^2	0.250	0.250	0.250	0.250
	炉(矿)渣(综合)		m^3	—	—	—	4.520
	铁铆钉		kg	15.090	15.090	15.090	17.310
	防腐油		kg	5.240	5.240	5.240	18.210
	镀锌铁丝 ϕ0.7		kg	—	—	—	3.900

二、木 楼 梯

工作内容：1. 拆除；

2. 楼梯、踏步板、踢脚板、楼梯平台及楞木制作、安装；

3. 楼板伸入墙身部分刷防腐油。

定额编号				4-7	4-8	4-9
项目				木楼梯	木楼梯踏步板	木楼梯踢脚板
				拆换		
计量单位				10m²	10m	
名称			单位	消耗量		
人工	合计工日		工日	16.300	0.460	0.240
	其中	普工	工日	1.800	0.230	0.120
		一般技工	工日	12.325	0.195	0.102
		高级技工	工日	2.175	0.035	0.018
材料	板枋材		m^3	1.500	0.088	0.053
	铁铆钉		kg	5.200	0.340	0.340
	防腐油		kg	1.880	—	—
	其他材料费		%	1.200	1.200	1.200

三、木 屋 架

工作内容：1. 拆除；

2. 木夹板制作、安装；

3. 刷防腐油以及铁件刷防锈漆一遍。

计量单位：10 付

定额编号				4-10
项目				人字屋架部件拆换
				木夹板
名称			单位	消耗量
人工	合计工日		工日	2.820
	其中	普工	工日	1.410
		一般技工	工日	1.198
		高级技工	工日	0.212
材料	原木		m^3	0.150
	铁件(综合)		kg	19.870
	其他材料费		%	1.200

工作内容:1. 屋架制作、拼装、安装锚固梁端;

2. 刷防腐油以及铁件刷防锈漆一遍。

计量单位:m³

定额编号			4-11	4-12	4-13	4-14
项目			简易屋架制安			
			跨度≤4m		跨度≤6m	
			方木	圆木	方木	圆木
	名称	单位	消耗量			
人工	合计工日	工日	6.120	6.656	6.732	7.327
其中	普工	工日	2.448	2.662	2.693	2.930
	一般技工	工日	3.060	3.328	3.366	3.664
	高级技工	工日	0.612	0.666	0.673	0.733
材料	原木	m³	—	1.050	—	1.050
	板枋材	m³	1.155	0.165	1.140	0.150
	铁件(综合)	kg	189.980	138.110	201.520	146.770
	六角螺栓	kg	33.210	27.030	36.540	28.110
	铁铆钉	kg	1.000	2.000	1.100	2.080
	其他材料费	%	1.200	1.200	1.200	1.200

工作内容:1. 铁件制作、安装、刷防锈漆一遍;

2. 屋架修理、刷防腐油。

计量单位:榀

定额编号			4-15	4-16	4-17	4-18
项目			屋架加固修理			
			跨度≤6m	跨度≤8m	跨度≤10m	跨度>10m
	名称	单位	消耗量			
人工	合计工日	工日	0.640	0.640	0.800	0.960
其中	普工	工日	0.320	0.320	0.400	0.480
	一般技工	工日	0.272	0.272	0.340	0.408
	高级技工	工日	0.048	0.048	0.060	0.072
材料	铁件(综合)	kg	2.000	3.000	4.000	6.000
	铁铆钉	kg	0.200	0.250	0.300	0.400
	其他材料费	%	2.500	2.500	2.500	2.500

工作内容:1. 拆除;

2. 剪刀撑制作、安装;

3. 刷防腐油以及铁件刷防锈漆一遍。

计量单位:m³

定额编号			4-19	4-20	4-21	4-22
项目			剪刀撑			
			方木		圆木	
			制作安装	拆换	制作安装	拆换
	名称	单位	消耗量			
人工	合计工日	工日	7.260	8.360	8.490	9.670
其中	普工	工日	1.320	1.520	1.540	1.770
	一般技工	工日	5.049	5.814	5.907	6.715
	高级技工	工日	0.891	1.026	1.043	1.185
材料	板枋材	m³	1.090	1.090	—	—
	原木	m³	—	—	1.150	1.150
	铁铆钉	kg	1.320	1.320	1.450	1.450
	其他材料费	%	1.200	1.200	1.200	1.200

工作内容：1. 定位、弹线、选配料、下料、木材面刷防腐油、安装木加固件；
2. 铁件制作、刷防锈漆、安装、紧固等。

定额编号			4-23	4-24	4-25	4-26	4-27
项目			木支撑、木条杆增设		铁夹板加固屋架节点	木夹板加固屋架节点	木檩条节点加固
			方木	圆木			
计量单位			m^3		个		
名称		单位	消耗量				
人工	合计工日	工日	10.880	10.880	0.300	0.400	0.040
	其中 普工	工日	2.180	2.180	0.060	0.080	0.010
	一般技工	工日	7.395	7.395	0.204	0.272	0.025
	高级技工	工日	1.305	1.305	0.036	0.048	0.005
材料	板枋材	m^3	1.060	—	—	—	—
	原木	m^3	—	1.080	—	0.020	—
	铁件(综合)	kg	14.400	12.000	8.050	4.320	0.160
	铁铆钉	kg	1.000	1.000	—	—	—
	高强螺栓	kg	—	—	1.550	0.850	0.140
	其他材料费	%	2.200	2.200	4.500	4.500	4.500

工作内容：杆件拨正、就位、临时拉接、配制安装铁箍等工作。

计量单位：份

定额编号			4-28
项目			屋架铁箍加固
名称		单位	消耗量
人工	合计工日	工日	0.111
	其中 普工	工日	0.022
	一般技工	工日	0.039
	高级技工	工日	0.050
材料	铁件(综合)	kg	3.110
	六角螺栓 M8	套	2.100
	圆钉	kg	0.012
	板枋材	m^3	0.001
	其他材料费	%	1.700

工作内容：杆件归位、修整、添配、紧固螺栓等工作。

计量单位：根

定额编号			4-29
项目			屋架紧螺栓
名称		单位	消耗量
人工	合计工日	工日	0.037
	其中 普工	工日	0.007
	一般技工	工日	0.013
	高级技工	工日	0.017

工作内容:清理木构件面层、绑扎紧固铅丝、钉扣钉等工作。　　**计量单位**:道

定额编号				4-30
项目				旧木架绑铅丝
名称			单位	消耗量
人工	合计工日		工日	0.055
	其中	普工	工日	0.011
		一般技工	工日	0.019
		高级技工	工日	0.025
材料	圆钉		kg	0.009
	镀锌铁丝 ϕ2.8		kg	0.254
	骑马钉 20×2		kg	0.040
	其他材料费		%	1.700

四、木　梁　柱

工作内容:1. 拆除;

2. 选料、截料、刨光、制样板、雕凿成形、试装全部操作过程;

3. 安装包括翻身就位、修整卯榫入位、栽销、校正等全部操作过程。　　**计量单位**:m^3

定额编号				4-31	4-32	4-33	4-34
项目				木单梁			
				方木		圆木	
				制作安装	拆换	制作安装	拆换
名称			单位	消耗量			
人工	合计工日		工日	7.802	10.250	8.769	11.440
	其中	普工	工日	1.560	1.280	1.754	1.840
		一般技工	工日	2.731	7.624	3.069	8.160
		高级技工	工日	3.511	1.346	3.946	1.440
材料	原木		m^3	—	—	1.180	1.180
	板枋材		m^3	1.086	1.086	—	—
	铁件(综合)		kg	0.500	5.000	0.500	5.000
	防腐油		kg	0.925	0.955	0.955	0.925
	铁铆钉		kg	0.600	0.600	0.600	0.600
	其他材料费		%	1.200	1.200	1.200	1.200

工作内容:1. 拆除;

2. 选料、截料、刨光、制样板、雕凿成形、试装全部操作过程;

3. 安装包括翻身就位、修整卯榫入位、栽销、校正等全部操作过程。　　**计量单位**:m^3

定额编号				4-35	4-36	4-37	4-38
项目				木柱			
				方木		圆木	
				制作安装	拆换	制作安装	拆换
名称			单位	消耗量			
人工	合计工日		工日	6.829	8.877	8.281	10.765
	其中	普工	工日	0.900	1.170	0.300	0.390
		一般技工	工日	5.040	6.551	6.784	8.819
		高级技工	工日	0.889	1.156	1.197	1.556
材料	原木		m^3	—	—	1.293	1.293
	板枋材		m^3	1.175	1.175	—	—
	铁铆钉		kg	0.870	0.870	0.900	0.900
	其他材料费		%	—	1.200	—	1.200

五、檩 木 支 撑

工作内容：1. 拆除；

2. 檩木制作、拼装、安装；

3. 锚固梁端，刷防腐油。

计量单位：m^3

定额编号				4-39	4-40	4-41	4-42
项目				方檩木		圆檩木	
				制作安装	拆换	制作安装	拆换
名称			单位	消耗量			
人工	合计工日		工日	3.239	4.858	3.579	5.369
	其中	普工	工日	0.648	0.972	0.716	1.074
		一般技工	工日	1.134	1.700	1.253	1.879
		高级技工	工日	1.457	2.186	1.610	2.416
材料	原木		m^3	—	—	1.170	1.170
	板枋材		m^3	1.165	1.165	0.230	0.230
	铁铆钉		kg	4.650	4.650	4.700	4.700
	防腐油		kg	3.890	3.890	2.850	2.850
	其他材料费		%	1.200	1.200	1.200	1.200

工作内容：1. 拆除；

2. 支撑制作、拼装、安装；

3. 锚固梁端，刷防腐油。

计量单位：m^3

定额编号				4-43	4-44	4-45	4-46	4-47	4-48
项目				支撑				临时支撑搭拆	
				方木		圆木		方木	圆木
				制作安装	拆换	制作安装	拆换		
名称			单位	消耗量					
人工	合计工日		工日	6.900	8.490	8.890	10.760	2.020	2.600
	其中	普工	工日	1.250	1.540	1.540	1.860	1.010	1.300
		一般技工	工日	4.802	5.907	6.247	7.565	0.858	1.105
		高级技工	工日	0.848	1.043	1.103	1.335	0.152	0.195
材料	板枋材		m^3	1.130	1.130	0.050	0.050	0.138	0.055
	原木		m^3	—	—	1.090	1.090	—	0.083
	铁铆钉		kg	2.000	2.000	2.000	2.000	2.000	2.000
	其他材料费		%	1.200	1.200	1.200	1.200	—	—

六、屋面木基层、封檐板

工作内容:1. 拆除;

2. 木基层制作、安装,钉椽子及挂瓦条。

计量单位:100m²

定额编号				4-49	4-50	4-51	4-52
项目				屋面木基层			
				平瓦		小青瓦	
				制作安装	拆换	制作安装	拆换
名称			单位	消耗量			
人工	合计工日		工日	2.400	3.120	1.920	2.500
	其中	普工	工日	1.200	1.560	0.960	1.250
		一般技工	工日	1.020	1.326	0.816	1.062
		高级技工	工日	0.180	0.234	0.144	0.188
材料	原木		m^3	0.817	0.817	1.138	1.138
	挂瓦条		m^3	0.310	0.310	—	—
	铁铆钉		kg	9.000	9.000	3.800	3.800

工作内容:1. 拆除;

2. 封檐板制作、安装,钉椽子及挂瓦条。

定额编号				4-53	4-54	4-55	4-56	4-57	4-58
项目				封檐板 板宽≤200mm		封檐板 板宽≤300mm		屋面板拆换 板厚15mm	
				制作安装	拆换	制作安装	拆换	平口	错口
计量单位				100m				$100m^2$	
名称			单位	消耗量					
人工	合计工日		工日	7.300	9.470	8.329	10.807	6.256	7.247
	其中	普工	工日	3.650	4.735	4.164	5.404	3.128	3.623
		一般技工	工日	3.100	4.025	3.540	4.593	2.658	3.080
		高级技工	工日	0.550	0.710	0.625	0.810	0.470	0.544
材料	原木		m^3	0.629	0.629	0.945	0.945	1.717	1.844
	铁铆钉		kg	1.110	1.110	1.490	1.490	4.345	—

工作内容:1. 拆除;

2. 屋面板制作、安装,钉挂瓦条。

计量单位:100m²

定额编号			4-59
项目			檩木上钉屋面板、油毡挂瓦条
名称		单位	消耗量
人工	合计工日	工日	6.200
	其中 普工	工日	1.200
	一般技工	工日	2.200
	高级技工	工日	2.800
材料	板枋材	m^3	0.235
	屋面板	m^2	105.000
	板条 1000×30×8	百根	2.121
	石油沥青油毡 350#	m^2	110.000
	铁铆钉	kg	6.406
	其他材料费	%	1.200

工作内容:1. 拆除;

2. 选配料、截料、刨光、画线、雕凿成形;

3. 试装、修整卯榫入位、栽销、校正等全部操作过程。

定额编号			4-60	4-61	4-62	4-63
项目			木天沟板		牛腿	
			制作安装	拆换	制作安装	拆换
计量单位			10m²		10个	
名称		单位	消耗量			
人工	合计工日	工日	0.400	0.720	2.000	3.600
	其中 普工	工日	0.200	0.360	1.000	1.800
	一般技工	工日	0.170	0.306	0.850	1.530
	高级技工	工日	0.030	0.054	0.150	0.270
材料	原木	m^3	0.263	0.263	0.080	0.080
	板条 1000×30×8	百根	—	—	2.200	2.200
	铁铆钉	kg	1.320	1.320	3.500	3.500

第五章　金属构件工程

说　　明

一、本章定额包括金属构件制作、金属构件运输、金属构件安装、金属结构楼(墙)面板及其他共四节。

二、一般说明:

1. 本章包括一般工业与民用建筑常用金属构件的结构加固项目。

2. 本章定额中的拆换项目均包括拆除、制作、安装等全部内容。

3. 金属构件的加固机械是按合理的施工方法,结合现有的施工机械的实际情况进行综合考虑的。

三、制作、拆换、拼装说明:

1. 金属构件加固的制作、拆换、拼装中包括单件拼装的工料及机械台班和安装时所需的连接螺栓。金属构件加固制作施工图中未注明的节点板、加强箍、内衬管和接头主材用量(钢板、型钢、圆钢)按实际用量计算,并入相应工程量内。

2. 轻钢加固构件项目为加固时新增加的钢作,金属结构制作定额整体预装配使用的螺栓及锚固螺栓均已包括在定额内。

3. 构件制作项目中焊接H型钢构件均按钢板加工焊接编制,如实际采用成品H型钢的,主材按成品价格进行换算,人工、机械及除主材外的其他材料乘以系数0.6。

4. 金属构件加固系按铆焊综合考虑。本定额焊缝等级综合考虑。

5. 钢筋混凝土柱间及钢筋混凝土屋架的钢支撑加固按本章钢支撑项目计算。

6. 人字屋架金属杆件的拆换项目不含杆件本身,仅指连接件。

7. 单件质量25kg以内的加工铁件执行本定额中的零星构件。需埋入混凝土中的铁件及螺栓执行本定额第三章“混凝土及钢筋混凝土工程”相应项目;烟囱紧固圈、垃圾道及垃圾门、垃圾箱、晒衣架、加工铁件等小型构件拆换,按“零星金属加固构件”项目计算。

8. 构件制作项目中未包括除锈工作内容,发生时执行相应项目。其中喷砂或抛丸除锈项目按Sa2.5除锈等级编制,如设计为Sa3级则定额乘以系数1.1,设计为Sa2级或Sa1级则定额乘以系数0.75;手工及动力工具除锈项目按St3除锈等级编制,如设计St2级则定额乘以系数0.75。

9. 构件制作中未包括油漆工作内容,如设计有要求,执行《房屋建筑与装饰工程消耗量定额》TY 01－31－2015相应项目。

10. 钢构件安装项目中已考虑现场拼装平台摊销。

11. 金属结构楼面板和墙面板按成品板编制。

12. 压型楼面板的收边板未包括在楼面板项目内,应单独计算。

四、金属构件运输:金属构件运输定额是按加工厂至施工现场考虑的,运输距离以30km为限,运距在30km以上时按照构件运输方案和市场运价调整。

工程量计算规则

一、金属构件工程量按设计图示尺寸乘以理论质量计算。设计无规定时，按实际尺寸乘以理论质量计算。

二、金属构件计算工程量时，不扣除单个面积≤0.3m^{2}的孔洞、切边、切肢的质量，焊接、铆钉、螺栓等不另增加质量。

三、依附在钢柱上的牛腿及悬臂梁的质量等并入钢柱的质量内，钢柱上的柱脚板、加劲板、柱顶板、隔板和肋板并入钢柱工程量内。

四、机械或手工及动力工具除锈按设计要求以构件质量计算。

五、金属结构构件安装工程量同制作工程量。

六、楼面板按设计图示尺寸以铺设面积计算，不扣除单个面积≤0.3m^{2}的柱、垛及孔洞所占面积。

七、墙面板按设计图示尺寸以铺设面积计算，不扣除单个面积≤0.3m^{2}的梁、孔洞所占面积。

八、钢板天沟按设计图示尺寸以质量计算，依附天沟的型钢并入天沟的质量内计算；不锈钢天沟、彩钢板天沟按设计图示尺寸以长度计算。

九、金属构件安装使用的高强螺栓、花篮螺栓和剪力栓钉按设计图纸数量以“套”为单位计算。

十、其他封边包角按设计图示尺寸以展开面积计算。

十一、金属结构构件运输工程量同制作工程量。

一、金属构件制作

工作内容：放样、划线、截料、平直、钻孔、拼装、焊接、成品矫正、成品编号堆放、探伤检测。　　**计量单位：**t

定额编号				5-1	5-2	5-3
项目				实腹柱		焊接H型钢梁
				焊接H型钢柱	焊接钢柱	
名称			单位	消耗量		
人工	合计工日		工日	9.877	11.208	8.448
	其中	普工	工日	2.963	3.362	2.534
		一般技工	工日	5.926	6.725	5.069
		高级技工	工日	0.988	1.121	0.845
材料	角钢(综合)		t	0.102	0.006	0.153
	中厚钢板(综合)		t	0.978	1.074	0.927
	低合金钢焊条E43系列		kg	15.410	15.400	16.950
	焊丝 $\phi3.2$		kg	20.540	20.540	22.600
	焊剂		kg	7.910	7.910	8.690
	氧气		m^3	5.090	5.090	5.600
	乙炔气		m^3	2.210	2.210	2.440
	六角螺栓		kg	—	1.740	—
	其他材料费		%	1.350	1.350	1.350
机械	轨道平车10t		台班	0.161	0.161	0.182
	门式起重机10t		台班	—	—	0.482
	门式起重机20t		台班	0.364	0.364	—
	摇臂钻床50mm		台班	0.086	0.086	0.086
	剪板机40×3100		台班	0.064	0.064	0.075
	板料校平机16×2000		台班	0.064	0.064	0.075
	刨边机12000mm		台班	0.075	0.075	0.086
	型钢剪断机500mm		台班	0.011	0.011	0.011
	型钢矫正机60×800		台班	0.011	0.011	0.011
	交流弧焊机42kV·A		台班	0.353	0.535	0.396
	自动埋弧焊机500A		台班	0.738	1.145	0.835
	电焊条烘干箱45×35×45(cm^3)		台班	0.642	0.642	0.706
	超声波探伤仪		台班	0.321	0.321	0.321

工作内容：放样、划线、截料、平直、钻孔、拼装、焊接、成品矫正、成品编号堆放。　　计量单位：t

定额编号			5-4	5-5	5-6
项目			钢支撑(钢拉条)		
			钢管	圆钢	其他型材
名称		单位	消耗量		
人工	合计工日	工日	7.957	9.660	10.103
其中	普工	工日	2.387	2.898	3.031
	一般技工	工日	4.774	5.796	6.062
	高级技工	工日	0.796	0.966	1.010
材料	型钢(综合)	t	0.030	0.162	0.928
	圆钢(综合)	t	—	0.858	—
	中厚钢板(综合)	t	0.060	0.060	0.152
	焊接钢管(综合)	t	0.990	—	—
	低合金钢焊条 E43 系列	kg	22.000	19.000	33.000
	氧气	m^3	4.000	4.000	4.400
	乙炔气	m^3	1.700	1.700	1.870
	六角螺栓	kg	12.000	1.740	1.740
	其他材料费	%	1.350	1.350	1.350
机械	轨道平车 10t	台班	0.268	0.268	0.193
	门式起重机 10t	台班	0.203	0.203	0.203
	钢筋调直机 40mm	台班	—	0.203	—
	钢筋切断机 40mm	台班	—	0.203	—
	摇臂钻床 50mm	台班	0.139	—	0.096
	管子切断机 250mm	台班	0.193	—	—
	型钢剪断机 500mm	台班	0.075	0.075	0.075
	型钢矫正机 60×800	台班	—	0.075	0.075
	交流弧焊机 42kV·A	台班	2.311	2.119	2.761
	电焊条烘干箱 45×35×45(cm^3)	台班	0.310	0.268	0.460

工作内容：1. 放样、划线、截料、平直、钻孔、拼装、焊接、成品矫正、成品编号堆放；
2. C、Z 型钢钢檩条：送料、调试设定、开卷、轧制、平直、钻孔、成品矫正、成品编号堆放。

计量单位：t

定额编号				5-7	5-8	5-9
项目				钢檩条		
				圆(方)钢管	C、Z 型钢	其他型钢
名称			单位	消耗量		
人工	合计工日		工日	5.748	5.423	9.563
	其中	普工	工日	1.724	1.627	2.869
		一般技工	工日	3.449	3.254	5.738
		高级技工	工日	0.575	0.542	0.956
材料	型钢(综合)		t	—	0.011	0.011
	热轧薄钢板(综合)		t	—	1.058	—
	中厚钢板(综合)		t	0.054	0.011	1.069
	焊接钢管(综合)		t	1.026	—	—
	低合金钢焊条 E43 系列		kg	41.800	—	34.500
	氧气		m^3	6.600	—	6.160
	乙炔气		m^3	2.860	—	2.680
	六角螺栓		kg	1.740	—	1.740
	其他材料费		%	1.350	1.350	1.350
机械	轨道平车 5t		台班	0.300	0.300	0.300
	门式起重机 10t		台班	0.203	0.171	0.171
	摇臂钻床 50mm		台班	0.150	—	0.150
	管子切断机 250mm		台班	0.214	—	—
	檩条机(400mm 以内)40kW		台班	—	0.139	—
	相贯线切割机 ϕ215		台班	0.150	—	—
	剪板机 40×3100		台班	—	—	0.021
	板料校平机 16×2000		台班	—	—	0.021
	刨边机 12000mm		台班	—	—	0.032
	型钢剪断机 500mm		台班	0.118	—	0.075
	型钢矫正机 60×800		台班	—	—	0.075
	交流弧焊机 42kV·A		台班	1.113	—	2.408
	电焊条烘干箱 45×35×45(cm^3)		台班	0.578	—	0.952

工作内容：放样、划线、截料、平直、钻孔、拼装、焊接、成品矫正、成品编号堆放。 **计量单位：**t

定额编号				5-10	5-11	5-12
项目				钢墙架	钢挡风架	钢天窗架
名称			单位	消耗量		
人工	合计工日		工日	20.363	13.008	13.297
	其中	普工	工日	6.109	3.902	3.989
		一般技工	工日	12.218	7.805	7.978
		高级技工	工日	2.036	1.301	1.330
材料	型钢(综合)		t	0.734	0.918	0.918
	中厚钢板(综合)		t	0.346	0.162	0.162
	低合金钢焊条 E43 系列		kg	30.000	29.000	29.000
	氧气		m^3	6.000	6.000	4.000
	乙炔气		m^3	2.600	2.600	1.700
	六角螺栓		kg	1.000	1.500	1.000
	其他材料费		%	1.350	1.350	1.350
机械	门式起重机 10t		台班	0.235	0.235	0.235
	轨道平车 5t		台班	0.182	0.182	0.182
	摇臂钻床 50mm		台班	0.086	0.086	0.086
	剪板机 40×3100		台班	0.075	0.075	0.075
	板料校平机 16×2000		台班	0.075	0.075	0.075
	刨边机 12000mm		台班	0.086	0.086	0.086
	型钢剪断机 500mm		台班	0.011	0.011	0.011
	型钢矫正机 60×800		台班	0.011	0.011	0.011
	交流弧焊机 42kV·A		台班	2.953	2.194	2.418
	电焊条烘干箱 45×35×45(cm^3)		台班	0.417	0.407	0.407

工作内容：放样、划线、截料、平直、钻孔、拼装、焊接、成品矫正、成品编号堆放、探伤检测。　**计量单位**：t

定额编号				5-13	5-14	5-15	5-16
项目				屋架		钢梯	钢梯栏杆、护身栏制作
				普通屋架	轻型屋架		
名称			单位	消耗量			
人工	合计工日		工日	10.500	16.800	20.303	15.263
	其中	普工	工日	3.150	5.040	6.091	4.579
		一般技工	工日	6.300	10.080	12.182	9.158
		高级技工	工日	1.050	1.680	2.030	1.526
材料	角钢(综合)		t	0.130	0.648	—	—
	型钢(综合)		t	—	—	0.500	0.224
	圆钢(综合)		t	—	—	0.302	0.856
	钢板(综合)		t	—	0.432	—	—
	中厚钢板(综合)		t	0.950	—	0.278	—
	低合金钢焊条 E43 系列		kg	15.210	14.300	24.990	20.000
	焊丝 ϕ3.2		kg	20.280	19.070	—	—
	焊剂		kg	7.810	7.340	—	—
	氧气		m^3	6.160	4.950	6.160	4.000
	乙炔气		m^3	2.680	2.200	2.680	1.700
	六角螺栓		kg	1.740	1.740	1.740	—
	其他材料费		%	1.350	1.350	1.350	1.350
机械	轨道平车 10t		台班	0.257	0.214	0.214	0.150
	门式起重机 10t		台班	0.482	0.385	0.235	0.235
	钢筋调直机 40mm		台班	—	—	—	0.203
	钢筋切断机 40mm		台班	—	—	—	0.203
	摇臂钻床 50mm		台班	0.128	0.107	0.107	0.075
	剪板机 40×3100		台班	0.032	0.015	0.011	0.064
	板料校平机 16×2000		台班	0.032	0.015	0.011	0.064
	刨边机 12000mm		台班	0.032	0.022	0.021	0.075
	型钢剪断机 500mm		台班	0.011	0.082	0.086	0.011
	型钢矫正机 60×800		台班	0.011	0.082	0.086	0.011
	交流弧焊机 42kV·A		台班	0.920	1.049	3.863	1.915
	自动埋弧焊机 500A		台班	1.969	2.236	—	—
	电焊条烘干箱 45×35×45(cm^3)		台班	0.631	0.599	0.342	0.278
	超声波探伤仪		台班	0.268	—	—	—

工作内容:放样、划线、截料、平直、钻孔、拼装、焊接、成品矫正、成品编号堆放。 计量单位:t

定额编号				5-17
项目				零星钢构件
名称			单位	消耗量
人工	合计工日		工日	17.592
	其中	普工	工日	5.278
		一般技工	工日	10.555
		高级技工	工日	1.759
材料	型钢(综合)		t	0.125
	圆钢(综合)		t	0.051
	中厚钢板(综合)		t	0.904
	低合金钢焊条 E43 系列		kg	27.950
	氧气		m^3	6.390
	乙炔气		m^3	2.780
	六角螺栓		kg	18.830
	其他材料费		%	1.350
机械	轨道平车 10t		台班	0.235
	门式起重机 10t		台班	0.235
	摇臂钻床 50mm		台班	0.118
	剪板机 40×3100		台班	0.096
	板料校平机 16×2000		台班	0.096
	刨边机 12000mm		台班	0.107
	型钢剪断机 500mm		台班	0.021
	型钢矫正机 60×800		台班	0.021
	交流弧焊机 42kV·A		台班	6.730
	电焊条烘干箱 45×35×45(cm^3)		台班	0.385

二、金属构件运输

工作内容:装车绑扎、运输、按指定地点卸车、堆放。 计量单位:t

定额编号				5-18	5-19
项目				金属构件运输	
				运距 5km	运距每增(减)1km
名称			单位	消耗量	
人工	合计工日		工日	0.180	0.007
	其中	普工	工日	0.054	0.002
		一般技工	工日	0.108	0.004
		高级技工	工日	0.018	0.001
材料	松木板枋材		m^3	0.004	—
	钢丝绳 $\phi12$		kg	0.020	—
	镀锌铁丝 $\phi4.0$		kg	0.210	—
机械	汽车式起重机 8t		台班	0.029	0.001
	载重汽车 8t		台班	0.045	0.002

三、金属构件安装

工作内容：放线、卸料、检验、划线、构件拼装加固，翻身就位、绑扎吊装、校正、焊接、固定、补漆、清理等。

计量单位：t

定额编号			5-20	5-21	5-22	5-23	5-24	5-25	5-26
项目			钢柱	钢梁	钢支撑	钢檩条	钢墙架（挡风架）	钢天窗架	钢屋架
名称		单位	消耗量						
人工	合计工日	工日	4.140	2.868	3.394	2.088	6.770	5.486	3.678
其中	普工	工日	1.242	0.860	1.018	0.626	2.031	1.646	1.103
	一般技工	工日	2.484	1.721	2.037	1.253	4.062	3.291	2.207
	高级技工	工日	0.414	0.287	0.339	0.209	0.677	0.549	0.368
材料	钢柱	t	1.000	—	—	—	—	—	—
	钢梁	t	—	1.000	—	—	—	—	—
	钢支撑	t	—	—	1.000	—	—	—	—
	钢檩条	t	—	—	—	1.000	—	—	—
	钢墙架	t	—	—	—	—	1.000	—	—
	钢天窗架	t	—	—	—	—	—	1.000	—
	钢屋架	t	—	—	—	—	—	—	1.000
	环氧富锌底漆（封闭漆）	kg	1.060	1.060	2.120	2.120	2.120	2.120	1.060
	低合金钢焊条 E43 系列	kg	1.236	3.461	3.461	0.618	2.163	2.163	1.236
	金属结构铁件	kg	10.588	7.344	—	—	—	—	4.284
	六角螺栓	kg	—	—	5.304	9.690	3.570	3.570	—
	二氧化碳气体	m^3	0.715	2.002	—	—	—	—	0.715
	氧气	m^3	—	—	0.220	0.220	0.220	0.220	—
	焊丝 ϕ3.2	kg	1.082	3.028	—	—	—	—	1.082
	吊装夹具	套	0.020	0.020	0.020	0.020	0.020	0.020	0.020
	钢丝绳 ϕ12	kg	3.690	3.280	4.920	4.920	4.920	4.920	3.280
	杉木板枋材	m^3	0.019	0.012	0.014	0.014	0.023	0.023	0.007
	稀释剂	kg	0.085	0.085	0.170	0.170	0.170	0.170	0.085
	千斤顶	台	0.020	0.020	0.020	0.020	0.020	0.020	0.020
	其他材料费	%	1.900	1.900	1.900	1.900	1.900	1.900	1.900
机械	汽车式起重机 20t	台班	0.167	0.250	0.250	0.209	0.236	0.264	0.250
	交流弧焊机 32kV·A	台班	0.118	0.330	0.330	0.059	0.212	0.212	0.118
	二氧化碳气体保护焊机 500A	台班	0.118	0.330	—	—	—	—	0.118

工作内容：放线、卸料、检验、划线、构件拼装加固，翻身就位、绑扎吊装、校正、焊接、固定、补漆、清理等。

计量单位：t

定额编号				5-27	5-28	5-29
项目				钢梯栏杆、护身栏	钢梯	零星钢构件
名称			单位	消耗量		
人工	合计工日		工日	10.079	7.315	8.827
	其中	普工	工日	3.024	2.151	2.648
		一般技工	工日	6.047	4.302	5.296
		高级技工	工日	1.008	0.862	0.883
材料	钢护栏		t	1.000	—	—
	钢楼梯 踏步式		t	—	1.000	—
	零星钢构件		t	—	—	1.000
	环氧富锌底漆（封闭漆）		kg	4.240	2.120	2.120
	低合金钢焊条 E43 系列		kg	5.191	3.461	3.461
	六角螺栓		kg	—	3.570	6.630
	氧气		m^3	1.320	0.880	1.100
	吊装夹具		套	0.020	0.020	0.020
	钢丝绳 ϕ12		kg	3.280	3.280	4.920
	稀释剂		kg	0.339	0.170	0.170
	杉木板枋材		m^3	—	—	0.023
	千斤顶		台	0.020	0.020	0.020
	其他材料费		%	1.900	1.900	1.900
机械	汽车式起重机 20t		台班	0.264	0.209	0.292
	交流弧焊机 32kV·A		台班	0.330	0.330	0.330

四、金属结构楼（墙）面板及其他

工作内容：放线、下料，切割断料；弹线、安装。

计量单位：100m^2

定额编号				5-30	5-31
项目				楼面板	
				压型钢板楼层板	自承式楼层板
名称			单位	消耗量	
人工	合计工日		工日	18.083	21.648
	其中	普工	工日	5.425	6.494
		一般技工	工日	10.850	12.989
		高级技工	工日	1.808	2.165
材料	压型钢楼板 δ0.9		m^2	106.000	—
	自承式楼层板		m^2	—	106.000
	自攻螺钉 ST6×20		百个	1.000	1.000
	密封带 3×20		m	5.880	5.880
	金属结构铁件		kg	5.000	5.000
	垫木		m^3	0.050	0.050
	其他材料费		%	2.200	2.200
机械	轮胎式起重机 20t		台班	0.107	0.107

工作内容:放线、下料,切割断料;开门窗洞口,周边塞口,清扫;弹线、安装。　　计量单位:100m²

定额编号				5-32	5-33
项目				墙面板	
				彩钢夹芯板	压型钢板
名称			单位	消耗量	
人工	合计工日		工日	18.083	14.467
	其中	普工	工日	5.425	4.340
		一般技工	工日	10.850	8.681
		高级技工	工日	1.808	1.446
材料	彩钢夹芯板 δ75		m²	106.000	—
	压型钢板 δ0.5		m²	—	106.000
	地槽铝 75mm		m	14.500	—
	槽铝 75mm		m	34.400	—
	工字铝(综合)		m	167.900	—
	角铝 25.4×1		m	26.500	—
	膨胀螺栓 M10		百套	0.400	—
	铝拉铆钉 M5×40		百个	7.200	3.500
	六角螺栓 M6×35		百个	0.200	0.200
	玻璃胶		支	29.000	29.000
	合金钢钻头 φ6~13		个	0.600	0.600
	自攻螺钉 ST6×20		百个	—	6.500
	橡皮密封条 20×4		m	173.300	173.300
	金属结构铁件		kg	—	5.000
	垫木		m³	—	0.020
	其他材料费		%	2.200	2.200
机械	轮胎式起重机 20t		台班	0.107	0.107

工作内容:放样、划线、裁料、平整、拼装、焊接、成品校正。

定额编号				5-34	5-35	5-36
项目				天沟		
				钢板	不锈钢	彩钢板
计量单位				t	10m	
名称			单位	消耗量		
人工	合计工日		工日	22.248	1.092	1.177
	其中	普工	工日	6.674	0.328	0.353
		一般技工	工日	13.349	0.655	0.706
		高级技工	工日	2.225	0.109	0.118
材料	钢板 δ3~10		t	1.060	—	—
	不锈钢板 δ1.0		m²	—	7.200	—
	彩钢板 δ0.8		m²	—	—	7.200
	槽形彩钢条 2mm		m	—	—	16.300
	自攻螺钉 ST6×20		百个	—	—	1.390
	彩钢堵头		m	17.820	4.200	4.200
	低合金钢焊条 E43 系列		kg	20.000	—	—
	不锈钢焊丝		kg	—	3.300	—
	氧气		m³	6.000	—	—
	乙炔气		m³	2.600	—	—
	红丹防锈漆		kg	6.780	—	—
	玻璃胶		支	0.800	0.200	0.200
	油漆溶剂油		kg	0.700	—	—
	垫木		m³	0.020	—	—
	其他材料费		%	2.000	2.000	2.000
机械	剪板机 40×3100		台班	0.118	0.075	0.075
	交流弧焊机 32kV·A		台班	3.424	—	—
	氩弧焊机 500A		台班	—	0.289	—

工作内容：放样、划线、裁料、平整、拼装、焊接、成品校正。 **计量单位**：$10m^2$

定额编号			5-37	5-38	5-39	5-40
项目			屋脊盖板		其他封边、包角	
			钢板	彩钢板	钢板	彩钢板
名称		单位	消耗量			
人工	合计工日	工日	11.677	4.092	10.512	3.312
	其中 普工	工日	3.503	1.228	3.154	0.994
	一般技工	工日	7.006	2.455	6.307	1.987
	高级技工	工日	1.168	0.409	1.051	0.331
材料	中厚钢板 δ4.0	m^2	19.080	—	—	—
	彩钢板 δ0.8	m^2	—	19.080	—	10.600
	热轧薄钢板 δ3.0	m^2	—	—	10.600	—
	自攻螺钉 ST6×20	百个	0.880	0.880	0.920	0.920
	铝拉铆钉 M5×40	百个	1.760	1.760	0.920	0.920
	密封带 3×20	m	22.000	22.000	28.000	28.000
	密封胶	支	0.400	0.400	0.510	0.510
	红丹防锈漆	kg	6.780	—	6.780	—
	油漆溶剂油	kg	0.700	—	0.700	—
	其他材料费	%	1.900	1.900	1.900	1.900
机械	剪板机 40×3100	台班	0.075	0.075	0.075	0.075
	交流弧焊机 32kV·A	台班	2.215	—	2.215	—

工作内容：栓钉、划线、定位、清理场地、焊接固定等。 **计量单位**：套

定额编号			5-41	5-42	5-43
项目			高强螺栓	花篮螺栓	剪力栓钉
名称		单位	消耗量		
人工	合计工日	工日	0.042	0.042	0.060
	其中 普工	工日	0.013	0.013	0.018
	一般技工	工日	0.025	0.025	0.036
	高级技工	工日	0.004	0.004	0.006
材料	高强螺栓	套	1.020	—	—
	花篮螺栓 M6×120	套	—	1.020	—
	栓钉	套	—	—	1.020
	其他材料费	%	1.900	1.900	1.900
机械	电动扭力扳手 27×30	台班	0.717	—	—
	栓钉焊机	台班	—	—	0.054

工作内容：1. 喷砂、抛丸除锈：运砂、丸，机械喷砂、抛丸，现场清理；
2. 手工及动力工具除锈：除锈、现场清理。

计量单位：t

定额编号				5-44	5-45	5-46
项目				喷砂除锈	抛丸除锈	手工及动力工具除锈
名称			单位	消耗量		
人工	合计工日		工日	1.008	0.503	3.181
	其中	普工	工日	0.302	0.151	0.954
		一般技工	工日	0.605	0.302	1.909
		高级技工	工日	0.101	0.050	0.318
材料	钢丸		kg	—	14.680	—
	石英砂(综合)		kg	16.800	—	—
	钢丝刷子		把	—	—	1.370
	铁砂布 0# ~2#		张	—	—	8.060
	破布		kg	—	—	1.510
	圆形钢丝轮 ϕ100		片	—	—	0.140
	其他材料费		%	0.350	0.350	0.450
机械	喷砂除锈机 3m³/min		台班	0.321	—	—
	抛丸除锈机 219mm		台班	—	0.161	—
	汽车式起重机 16t		台班	0.107	0.107	0.107
	电动空气压缩机 10m³/min		台班	0.321	—	—
	轨道平车 10t		台班	0.107	0.107	—

工作内容：拆除，钢材加工制作、除锈、安装等。

定额编号				5-47	5-48	5-49	5-50	5-51
项目				人字屋架金属部件拆换				其他钢构件拆换
				铁夹板、串杆、铁拉杆	上弦	下弦	斜撑	钢平台、钢走道、钢梯
计量单位				10kg	10根			t
名称			单位	消耗量				
人工	合计工日		工日	0.520	2.440	3.260	1.220	24.600
	其中	普工	工日	0.260	1.220	1.630	0.610	2.200
		一般技工	工日	0.221	1.037	1.385	0.518	19.040
		高级技工	工日	0.039	0.183	0.245	0.092	3.360
材料	铁件(综合)		kg	10.100	27.100	10.000	10.000	—
	铁铆钉		kg	—	0.700	1.000	1.000	—
	杉原木(综合)		m³	—	—	—	—	0.010
	原木		m³	—	—	—	—	0.010
	低碳钢焊条(综合)		kg	—	—	—	—	25.960
	高强螺栓		kg	—	—	—	—	2.580
	铅丝		kg	—	—	—	—	0.010
	钢材		kg	—	—	—	—	1081.000
	氧气		m³	—	—	—	—	11.220
	乙炔气		m³	—	—	—	—	4.876
	电		kW·h	—	—	—	—	7.160
	其他材料费		%	2.170	—	—	—	0.280
机械	交流弧焊机 32kV·A		台班	—	—	—	—	3.894
	履带式起重机 10t		台班	—	—	—	—	0.220
	摇臂钻床 50mm		台班	—	—	—	—	0.220

第六章　屋 面 工 程

说　　明

一、本章定额包括型材屋面拆换、刚性屋面拆换及其他共二节。

二、型材屋面修补、拆换:

1. 本章定额中的拆换项目均包括拆除、安装等全部操作过程。

2. 膜结构中支撑和拉固膜布的钢柱、拉杆、金属网架、钢丝绳、锚固的锚头等已包括在项目内,不得另算;支撑柱的钢筋混凝土柱基、锚固的钢筋混凝土基础以及地脚螺栓等应按本定额第三章“混凝土及钢筋混凝土工程”相关项目计算。

三、本章单处刚性层维修面积$\leqslant 15m^2$的局部维修执行砍补项目,定额已包含拆除内容。屋面单处刚性层维修面积$>15m^2$的大面维修执行翻修项目,定额不包含拆除内容,发生时另按《房屋修缮工程消耗量定额》TY 01－41－2018 中的相应拆除项目计算 。

工程量计算规则

一、型材屋面修补、拆换：

1. 金属压型钢板屋面、彩色涂层钢板屋面、阳光板屋面按实铺面积计算。

2. 膜结构屋面按设计图示尺寸以需要覆盖的水平投影面积计算。

二、屋面刚性层翻修、砍补：

1. 屋面刚性层按设计图示尺寸以面积计算，不扣除房上烟囱、风帽底座、风道等所占面积。

2. 变形缝按设计图示以长度计算，如内外双面填缝者，工程量按双面计算。

一、型材屋面拆换

工作内容:1. 拆除旧屋面并运到地面指定地点堆放;

2. 屋面板安在钢结构上,钉牢;

3. 构件变形修理、临时加固、吊装、就位、找正、螺栓固定。

计量单位:100m²

定额编号				6-1	6-2	6-3	6-4	6-5
项目				金属压型板屋面拆换			彩色涂层钢板屋面拆换	
				檩距≤3.5m	檩距≤2.5m	檩距≤1.5m	单层	夹芯板
名称			单位	消耗量				
人工	合计工日		工日	21.386	22.556	24.814	22.000	32.200
	其中	普工	工日	5.158	5.428	5.860	4.530	8.850
		一般技工	工日	13.794	14.559	16.111	14.140	18.400
		高级技工	工日	2.434	2.569	2.843	3.330	4.950
材料	压型屋面板 W-550		m²	122.346	122.346	122.346	—	—
	中间固定架 WG-2		个	42.630	54.810	79.160	—	—
	端部固定架 WG-3		个	1.180	1.520	2.190	—	—
	单面固定螺栓 ML-850R		个	86.460	111.140	160.520	—	—
	单面连接螺栓 R-8		个	143.420	143.420	143.420	—	—
	六角螺栓 M8		套	177.780	177.780	177.780	—	—
	檐口堵头板 WD-1		块	59.310	59.310	59.310	—	—
	屋脊堵头板 WD-2		块	59.310	59.310	59.310	—	—
	屋脊挡雨板 WD-3		块	59.310	59.310	59.310	—	—
	屋脊板 δ2		m²	4.427	4.427	4.427	—	—
	沿口包角板 δ0.8		m²	1.132	1.132	1.132	—	—
	密封胶		支	20.000	20.000	20.000	—	—
	低碳钢焊条(综合)		kg	4.030	5.180	7.480	2.550	2.550
	橡胶密封条		m	16.430	16.430	16.430	—	—
	镀锌铁丝 φ2.8		kg	3.000	3.000	3.000	—	—
	铝拉铆钉(综合)		10个	3.030	3.030	3.030	—	—
	密封带		m	—	—	—	220.460	220.460
	聚氨酯泡沫塑料板		m³	—	—	—	0.100	0.100
	防雨自攻螺栓		只	—	—	—	48.000	48.000
	金属膨胀螺栓		副	—	—	—	12.790	12.790
	彩钢板 δ0.8		m²	—	—	—	108.987	—
	型钢(综合)		kg	—	—	—	83.000	83.000
	铜铆钉		个	—	—	—	337.000	337.000
	橡胶护套圈 φ6~32		个	—	—	—	48.000	48.000
	酚醛防锈漆 红丹		kg	—	—	—	0.730	0.730
	白调和漆		kg	—	—	—	0.660	0.660
	彩钢夹芯板 δ100		m²	—	—	—	—	108.987
	其他材料费		%	0.800	0.800	0.800	0.800	0.800
机械	交流弧焊机 21kV·A		台班	1.210	1.210	1.210	0.880	0.880

工作内容：拆除旧屋面并运到地面指定地点堆放，阳光板安在钢结构、铝结构上，钉牢，构件变形修理、临时加固、吊装、就位、找正、螺栓固定。

计量单位：100m²

定额编号				6-6	6-7
项目				阳光板屋面拆换	
				铺在铝结构上	铺在钢檩上
名称			单位	消耗量	
人工	合计工日		工日	23.110	25.422
	其中	普工	工日	6.933	7.627
		一般技工	工日	13.866	15.253
		高级技工	工日	2.311	2.542
材料	阳光板		m^2	108.120	108.120
	原木		m^3	0.020	0.020
	玻璃胶		支	20.400	—
	耐热胶垫 2×38		m	169.810	—
	橡皮垫条		m	—	137.720
	橡胶垫片 250mm 宽		m	—	45.910
	铁钩		kg	—	26.920
	熟桐油		kg	—	6.700
	防锈漆		kg	—	13.260
	高强螺栓		kg	—	3.280

工作内容：拆除旧屋面并运到地面指定地点堆放，膜布热压胶接，支柱(网架)制作、安装，膜布安装，穿钢丝绳、端头锚固，刷油漆。

计量单位：100m²

定额编号				6-8
项目				膜结构屋面拆换
名称			单位	消耗量
人工	合计工日		工日	132.180
	其中	普工	工日	39.650
		一般技工	工日	79.310
		高级技工	工日	13.220
材料	膜材料		m^2	162.500
	复合不锈钢支撑、拉杆、法兰		t	1.200
	包塑钢丝绳		kg	200.000
	其他材料费		%	5.000

二、刚性屋面拆换及其他

工作内容:垫块补焊、油漆等。　　**计量单位:**10 块

定　额　编　号				6-9
项　　　目				大型屋面板垫块补焊
名　　称			单　位	消　耗　量
人工	合计工日		工日	0.220
	其中	普工	工日	0.110
		一般技工	工日	0.093
		高级技工	工日	0.017
材料	低碳钢焊条(综合)		kg	1.520
	乙炔气		m^3	0.050
	其他材料费		%	6.500
机械	交流弧焊机 32kV·A		台班	0.030

工作内容:防水层局部拆除,修复,清理废料并运至地面指定地点等全部操作过程。　**计量单位:**$100m^2$

定　额　编　号				6-10	6-11
项　　　目				屋面细石混凝土刚性层 砍补	
				厚 40mm	每增(减)5mm
名　　称			单 位	消　耗　量	
人工	合计工日		工日	28.846	3.165
	其中	普工	工日	16.133	1.882
		一般技工	工日	10.806	1.090
		高级技工	工日	1.907	0.193
材料	原木		m^3	0.060	—
	预拌细石混凝土 C20		m^3	4.263	0.588
	冷底子油 30∶70		kg	7.833	—
	建筑油膏		kg	20.790	—
	素水泥浆		m^3	0.126	—
	草袋		m^2	12.100	—
	水		m^3	9.640	0.130
	电		kW·h	1.800	—
机械	灰浆搅拌机 200L		台班	0.011	—

工作内容：1. 铲除渗漏处旧底子；
2. 清理底层、调运水泥浆、刷水泥浆、钢筋制安；
3. 细石混凝土铺抹、浇捣、压实及泛水嵌油膏、做收头。

定额编号			6-12	6-13	6-14	6-15	6-16
项目			屋面细石混凝土刚性层翻修		屋面细石混凝土刚性层翻修	防水翻修、砍补 建筑油膏嵌缝修补	防水翻修、砍补铁皮盖面修补
			无筋	有筋	每增(减)厚5mm		
			厚40mm				
计量单位			100m²			10m	
名称		单位	消耗量				
人工	合计工日	工日	10.914	14.439	1.329	0.500	1.310
人工	其中 普工	工日	2.462	2.462	0.199	0.100	0.262
人工	其中 一般技工	工日	7.185	10.180	0.961	0.350	0.917
人工	其中 高级技工	工日	1.267	1.797	0.169	0.050	0.131
材料	原木	m³	0.060	0.060	—	—	0.025
材料	镀锌薄钢板(综合)	kg	—	—	—	—	6.018
材料	圆钢 φ10 以内	t	—	0.122	—	—	—
材料	预拌细石混凝土 C20	m³	4.141	4.141	0.571	—	—
材料	冷底子油 30∶70	kg	7.609	7.609	—	—	—
材料	建筑油膏	kg	20.196	20.196	—	15.960	—
材料	素水泥浆	m³	0.122	0.122	—	—	—
材料	镀锌铁丝 φ0.7	kg	—	1.770	—	—	—
材料	防腐油	kg	—	—	—	—	1.117
材料	草袋	m²	12.100	12.100	—	—	—
材料	圆钉	kg	—	—	—	—	0.210
材料	盐酸	kg	—	—	—	—	0.086
材料	焊锡	kg	—	—	—	—	0.406
材料	电	kW·h	1.800	1.800	1.800	—	—
材料	水	m³	9.640	9.640	0.290	—	—
材料	其他材料费	%	—	—	—	1.200	1.200
机械	灰浆搅拌机 200L	台班	0.011	0.011	—	—	—
机械	钢筋切断机 40mm	台班	—	0.022	—	—	—

第七章　其 他 工 程

说　　明

一、本章定额包括掏安门窗洞口、窗改门、门改窗和其他共四节。

二、掏安门窗洞口中的钢筋混凝土过梁定额项目不包括钢筋混凝土过梁,发生时按本定额第三章"混凝土及钢筋混凝土工程"相应项目计算。

三、门改窗及窗改门如需增加钢筋混凝土过梁,发生时按本定额第三章"混凝土及钢筋混凝土工程"相应项目计算。

四、压浆干砸砂浆锚杆定额中均未包括锚杆钢筋的制作、安装,其制作、安装按本定额第三章"混凝土及钢筋混凝土工程"钢筋工程相应定额项目计算;压浆干砸砂浆钢筋锚杆定额是以标准砖墙考虑的,如遇空心砖墙,人工乘以系数1.2,预拌水泥砂浆消耗量乘以系数1.1;钻孔深度≤180mm(双孔)压浆干砸砂浆锚杆是按双孔"冂"形筋考虑的,如为单孔单筋消耗量乘以系数0.5。

五、本章定额子目不含抹灰内容,发生时按照本定额总说明规定执行。

六、本章定额子目消耗量均包括现场建筑废渣清运到指定地点堆放。

工程量计算规则

一、掏安门窗洞口、窗改门、门改窗、人工凿销键孔、压浆干砸砂浆锚杆按“个”计算。

二、混凝土剔槽、砖墙剔槽按延长米计算。

三、人工剔除钢筋混凝土保护层、混凝土表面凿毛按面积计算。

四、膨胀螺栓安装按“套”计算。

一、掏安门窗洞口

工作内容：掏接过梁，砌砖碹、檐头、窗台，安窗口等全部操作过程。　　**计量单位：**个

定额编号				7-1	7-2	7-3	7-4	7-5	7-6	7-7	7-8
项目				1砖墙掏窗口							
				宽度≤1.2m，面积≤0.8m²			宽度≤1.2m，面积>0.8m²			宽度>1.2m	
				木过梁	钢筋混凝土过梁	砖碹	木过梁	钢筋混凝土过梁	砖碹	木过梁	钢筋混凝土过梁
名称			单位	消耗量							
人工	合计工日		工日	0.420	0.420	0.800	0.620	0.660	1.120	0.780	0.780
	其中	普工	工日	0.210	0.210	0.400	0.310	0.330	0.560	0.390	0.390
		一般技工	工日	0.178	0.178	0.340	0.263	0.280	0.476	0.331	0.331
		高级技工	工日	0.032	0.032	0.060	0.047	0.050	0.084	0.059	0.059
材料	板枋材		m³	0.025	—	—	0.025	—	—	0.032	—
	石灰膏		m³	0.010	0.010	0.020	0.010	0.010	0.020	0.020	0.020
	麻丝		kg	0.100	0.100	0.300	0.110	0.110	0.300	0.160	0.160
	防腐油		kg	0.110	—	—	0.110	—	—	0.130	—
	水泥 42.5		kg	1.100	1.100	4.240	1.100	1.100	4.240	1.100	1.100
	细砂		m³	0.040	0.040	0.090	0.050	0.050	0.090	0.040	0.040
	水		m³	0.030	0.030	0.050	0.030	0.030	0.050	0.040	0.040
	其他材料费		%	1.500	2.000	2.000	1.500	2.000	2.000	1.500	2.000

工作内容：掏接过梁，砌砖碹、檐头、窗台，安窗口等全部操作过程。　　**计量单位：**个

定额编号				7-9	7-10	7-11
项目				1砖半墙掏窗口		
				宽度≤1.2m，面积≤0.8m²		
				木过梁	钢筋混凝土过梁	砖碹
名称			单位	消耗量		
人工	合计工日		工日	0.560	0.580	0.960
	其中	普工	工日	0.280	0.290	0.480
		一般技工	工日	0.238	0.246	0.408
		高级技工	工日	0.042	0.044	0.072
材料	板枋材		m³	0.039	—	—
	石灰膏		m³	0.010	0.010	0.020
	麻丝		kg	0.100	0.100	0.310
	防腐油		kg	0.150	—	—
	水泥 42.5		kg	1.100	1.100	4.410
	细砂		m³	0.040	0.040	0.090
	水		m³	0.030	0.030	0.050
	其他材料费		%	1.500	2.000	2.000

工作内容:掏接过梁,砌砖碹、檐头、窗台,安窗口等全部操作过程。　　　　**计量单位:**个

定额编号			7-12	7-13	7-14	7-15	7-16
项日			1砖半墙掏窗口				
			宽度≤1.2m,面积>0.8m²			宽度>1.2m	
			木过梁	钢筋混凝土过梁	砖碹	木过梁	钢筋混凝土过梁
名称		单位	消耗量				
人工	合计工日	工日	0.700	0.760	1.200	0.880	0.920
	其中 普工	工日	0.350	0.380	0.600	0.440	0.460
	其中 一般技工	工日	0.297	0.323	0.510	0.374	0.391
	其中 高级技工	工日	0.053	0.057	0.090	0.066	0.069
材料	板枋材	m^3	0.039	—	—	0.049	—
	石灰膏	m^3	0.020	0.020	0.030	0.020	0.020
	麻丝	kg	0.110	0.110	0.310	0.160	0.160
	防腐油	kg	0.150	—	—	0.200	—
	水泥 42.5	kg	1.100	1.100	4.410	1.100	1.100
	细砂	m^3	0.050	0.050	0.100	0.040	0.040
	水	m^3	0.030	0.030	0.050	0.040	0.040
	其他材料费	%	1.500	2.000	2.000	1.500	2.000

工作内容:掏接过梁,砌砖碹、檐头,安门口等全部操作过程。　　　　**计量单位:**个

定额编号			7-17	7-18	7-19	7-20	7-21
项目			1砖墙掏门口				
			宽度≤1.2m			宽度>1.2m	
			木过梁	钢筋混凝土过梁	砖碹	木过梁	钢筋混凝土过梁
名称		单位	消耗量				
人工	合计工日	工日	0.940	0.960	1.160	1.000	1.040
	其中 普工	工日	0.470	0.480	0.580	0.500	0.520
	其中 一般技工	工日	0.399	0.408	0.493	0.425	0.442
	其中 高级技工	工日	0.071	0.072	0.087	0.075	0.078
材料	板枋材	m^3	0.026	—	—	0.032	—
	石灰膏	m^3	0.020	0.020	0.030	0.030	0.030
	麻丝	kg	0.230	0.230	0.340	0.250	0.250
	防腐油	kg	0.100	—	—	0.120	—
	水泥 42.5	kg	1.200	1.200	6.160	1.100	1.100
	细砂	m^3	0.090	0.090	0.150	0.090	0.090
	水	m^3	0.060	0.060	0.090	0.060	0.060
	其他材料费	%	1.500	2.000	2.000	1.500	2.000

工作内容：掏接过梁，砌砖碹、檐头，安门口等全部操作过程。　　　　**计量单位**：个

定额编号				7-22	7-23	7-24	7-25	7-26
项目				1砖半墙掏门口				
				宽度≤1.2m			宽度＞1.2m	
				木过梁	钢筋混凝土过梁	砖碹	木过梁	钢筋混凝土过梁
名称			单位	消耗量				
人工	合计工日		工日	0.980	1.080	1.380	1.140	1.180
	其中	普工	工日	0.490	0.540	0.690	0.570	0.590
		一般技工	工日	0.416	0.459	0.586	0.484	0.501
		高级技工	工日	0.074	0.081	0.104	0.086	0.089
材料	板枋材		m^3	0.040	—	—	0.050	—
	石灰膏		m^3	0.030	0.030	0.050	0.030	0.030
	麻丝		kg	0.260	0.260	0.340	0.260	0.260
	防腐油		kg	0.150	—	—	0.200	—
	水泥 42.5		kg	1.100	1.100	7.320	1.100	1.100
	细砂		m^3	0.100	0.100	0.230	0.100	0.100
	水		m^3	0.070	0.070	0.130	0.070	0.070
	其他材料费		%	1.500	2.000	2.000	1.500	2.000

工作内容：掏接过梁，砌砖碹、檐头、窗台，安窗口等全部操作过程。　　　　**计量单位**：个

定额编号				7-27	7-28	7-29
项目				毛石墙掏窗口		
				木过梁	钢筋混凝土过梁	砖碹
名称			单位	消耗量		
人工	合计工日		工日	0.960	0.980	1.400
	其中	普工	工日	0.480	0.490	0.700
		一般技工	工日	0.408	0.416	0.595
		高级技工	工日	0.072	0.074	0.105
材料	标准砖 240×115×53		千块	0.046	0.046	0.143
	板枋材		m^3	0.039	—	—
	石灰膏		m^3	0.020	0.020	0.050
	麻丝		kg	0.100	0.100	0.310
	防腐油		kg	0.150	—	—
	水泥 42.5		kg	1.100	1.100	4.300
	细砂		m^3	0.050	0.050	0.050
	水		m^3	0.050	0.050	0.090
	其他材料费		%	0.500	0.500	0.500

工作内容：掏接过梁，砌砖碹、檐头，安门口等全部操作过程。　　计量单位：个

定额编号			7-30	7-31	7-32
项目			毛石墙掏门口		
			木过梁	钢筋混凝土过梁	砖碹
名称		单位	消耗量		
人工	合计工日	工日	1.320	1.340	1.780
其中	普工	工日	0.660	0.670	0.890
	一般技工	工日	0.561	0.569	0.756
	高级技工	工日	0.099	0.101	0.134
材料	标准砖 240×115×53	千块	0.046	0.046	0.143
	板枋材	m^3	0.040	—	—
	石灰膏	m^3	0.020	0.020	0.050
	麻丝	kg	0.200	0.200	0.410
	防腐油	kg	0.150	—	—
	水泥 42.5	kg	1.100	1.100	7.730
	细砂	m^3	0.060	0.060	0.100
	水	m^3	0.060	0.060	0.090
	其他材料费	%	0.500	0.500	0.500

二、窗改门

工作内容：拆墙身、窗口，调运砂浆、安门口、砌砖石、勾缝等全部操作过程。　　计量单位：个

定额编号			7-33	7-34	7-35
项目			窗改门		
			毛石墙脚	条石墙脚	砖墙脚
名称		单位	消耗量		
人工	合计工日	工日	0.620	0.880	0.400
其中	普工	工日	0.310	0.440	0.200
	一般技工	工日	0.263	0.374	0.170
	高级技工	工日	0.047	0.066	0.030
材料	石灰膏	m^3	0.010	0.010	0.010
	麻丝	kg	0.120	0.120	0.120
	水泥 42.5	kg	16.140	13.120	12.110
	细砂	m^3	0.070	0.060	0.050
	水	m^3	0.060	0.050	0.050
	其他材料费	%	2.000	2.000	2.000

工作内容:拆墙身、窗口,调运砂浆、安门口、砌砖石、勾缝等全部操作过程。 **计量单位:**个

定额编号				7-36	7-37	7-38
项目				窗改门		
				窗改门加宽		
				毛石墙脚	条石墙脚	砖墙脚
名称			单位	消耗量		
人工	合计工日		工日	0.980	1.300	0.660
	其中	普工	工日	0.490	0.650	0.330
		一般技工	工日	0.416	0.552	0.280
		高级技工	工日	0.074	0.098	0.050
材料	板枋材		m^3	0.028	0.028	0.028
	石灰膏		m^3	0.010	0.010	0.010
	麻丝		kg	0.120	0.120	0.120
	防腐油		kg	0.110	0.110	0.110
	水泥 42.5		kg	29.180	17.150	16.140
	细砂		m^3	0.080	0.070	0.060
	水		m^3	0.060	0.050	0.050
	其他材料费		%	0.500	0.500	0.500

三、门 改 窗

工作内容:拆墙身、门口,调运砂浆、安窗口、砌砖石、勾缝等全部操作过程。 **计量单位:**个

定额编号				7-39	7-40	7-41	7-42
项目				门改窗			
				毛石窗下墙	砖窗下墙	门改窗加宽	
						毛石窗下墙	砖窗下墙
名称			单位	消耗量			
人工	合计工日		工日	0.620	0.400	0.760	0.560
	其中	普工	工日	0.310	0.200	0.380	0.280
		一般技工	工日	0.263	0.170	0.323	0.238
		高级技工	工日	0.047	0.030	0.057	0.042
材料	标准砖 240×115×53		千块	—	0.113	0.045	0.162
	毛石(综合)		m^3	0.430	—	—	—
	石灰膏		m^3	0.030	0.020	0.040	0.020
	麻丝		kg	0.110	0.110	0.120	0.120
	水泥 42.5		kg	2.500	9.000	2.500	9.000
	细砂		m^3	0.140	0.080	0.180	0.150
	水		m^3	0.090	0.060	0.110	0.070
	其他材料费		%	0.500	0.500	0.500	0.500

四、其　他

工作内容：放线、定位、钻孔、凿洞、润水、清孔。

定额编号			7-43	7-44	7-45	7-46	7-47
项目			人工凿销键孔	混凝土剔槽	砖墙剔槽	人工剔除钢筋混凝土保护层	混凝土表面凿毛
计量单位			10个	10延长米		$10m^2$	
名称		单位	消耗量				
人工	合计工日	工日	3.040	3.040	1.090	3.370	2.870
	普工	工日	3.040	3.040	1.090	3.370	2.870
材料	合金钢钻头(综合)	个	0.127	0.019	0.019	0.048	0.057
	其他材料费	%	1.500	0.500	0.500	0.700	0.600

工作内容：机械钻孔、清孔、压浆、安装。

定额编号				7-48	7-49	7-50	7-51
项目				压浆干砸砂浆锚杆			膨胀螺栓安装
				钻孔深≤1050mm	钻孔深≤600mm	钻孔深≤180mm双孔	
计量单位				100个			10套
名称			单位	消耗量			
人工	合计工日		工日	32.000	15.000	9.000	0.210
	其中	普工	工日	7.000	3.000	2.000	0.210
		一般技工	工日	21.250	10.200	5.950	—
		高级技工	工日	3.750	1.800	1.050	—
材料	预拌水泥砂浆		m^3	0.060	0.040	0.020	—
	膨胀螺栓 M8×100		套	—	—	—	10.200
	水泥 32.5		kg	—	—	—	1.270
	水		m^3	0.198	0.102	0.096	—
	其他材料费		%	2.000	2.000	2.000	2.000
	电		kW·h	—	—	—	1.720
机械	轻便钻机 XJ-100		台班	0.490	0.230	0.089	—
	干混砂浆罐式搅拌机		台班	0.006	0.004	0.002	—

第八章　措 施 项 目

说　明

一、本章定额包括模板及支架、脚手架和卸载支撑、挡土板共三节。

二、混凝土及钢筋混凝土模板、支架及卸载支撑是指混凝土施工过程中需要的各种模板、支架、支撑等的支、拆、运输及模板、支架的摊销，卸载支撑的支、拆、运输及摊销和卸载技术措施。

1. 本章模板工程综合考虑了加固工程的特点、技术和方法，将组合钢模板、复合模板、木模板分别编制，除设计指定采用其他模板外，均不做调整。

2. 未编制弧形定额子目的现浇弧形构件，其弧形部分模板执行相应定额项目乘以系数1.2。

3. 小型构件模板项目适用于砌体拉结带、垫块、挂板及单件体积$0.1m^3$以内的其他构件。

4. 现浇混凝土柱、墙、梁、板模板是按层高≤3.6m编制的，层高>3.6m时，按模板支撑超高定额执行。

5. 挡土板支撑项目按槽、坑两侧同时支挡土板考虑，如一侧支挡土板，人工消耗量乘以系数1.33，除挡土板外，其他材料消耗量乘以系数2.0。挡土板支撑中的密撑指满铺挡板，疏撑指间隔铺挡板。

三、脚手架：

1. 本定额已综合考虑了斜道、上料平台、护身栏杆、安全网等，不再另计。

2. 本定额是按扣件式钢管脚手架进行编制的，若实际采用木制、竹制，按相应定额项目乘以下表系数。

单项脚手架系数

单排≤15m木制外脚手架	双排≤24m外脚手架		里脚手架		木制满堂脚手架		竹制满堂脚手架	
	木制	竹制	木制	竹制	基本层	增加层	基本层	增加层
0.77	0.92	0.78	0.88	0.81	0.59	0.85	0.52	0.64

四、垂直运输是指将施工需要的建筑材料、成品、半成品垂直运输到施工地点和将加固拆除的废弃物及建筑垃圾运输到施工现场内指定地点。

本定额已考虑了加固高度≤3.6m时的垂直运输。加固高度>3.6m时，建筑材料、成品、半成品及废弃物、建筑垃圾的垂直运输按分部分项及措施项目定额人工消耗量乘以下表系数计算。

垂直运输系数

加固高度	≤6m	≤9m	≤12m	≤15m	≤18m	≤24m	≤30m	≤40m	≤50m
系数(%)	8.1	10.5	12.9	15.3	18.6	21.8	24.2	27.4	30.7

五、建筑物超高施工增加是指单层建筑物檐口高度在20m以上，多层建筑物在6层(不含地下室)以上的加固施工降效需增加的费用。

建筑物超高施工增加费按分部分项及措施项目定额人工乘以下表系数计算。

建筑物超高施工增加费系数

加固高度	≤24m	≤27m	≤30m	≤40m	≤50m
系数(%)	4.8	6.5	8.9	12.9	17.8

六、大型机械进出场及安拆费按《房屋建筑与装饰工程消耗量定额》TY 01－31－2015相应措施项目规定执行。

七、其他措施是指本定额未述及的，但实际施工中必须采取的措施，根据实际发生的项目计取。

工程量计算规则

一、模板及支架：

1. 模板工程除另有规定者外，均按模板与混凝土的接触面面积以“m^2”计算，不扣除≤0.3m^2 预留孔洞面积，洞侧壁模板也不增加。

2. 构造柱按设计图示外露部分计算模板面积，带马牙槎构造柱的宽度按马牙槎的宽度计算。

3. 混凝土构件截面加大的，为满足浇筑需要所增加的模板工程量并入相应构件模板计算。

4. 挑檐、天沟与板（包括屋面板、楼板）连接时，以外墙外边线为分界线；与梁（包括圈梁等）连接时，以梁外边线为分界线；外墙外边线以外或梁外边线以外为挑檐、天沟。

5. 悬挑板、雨篷板、阳台板按设计图示外挑部分的水平投影面积计算，挑出墙外的悬臂梁及板边不另计算。

6. 现浇混凝土楼梯（包括休息平台、平台梁、斜梁和楼层板连接的梁）按水平投影面积计算，不扣除宽度小于500mm 楼梯井所占面积，楼梯的踏步、踏步板、平台梁等侧面模板不另行计算，伸入墙内部分亦不增加。当整体楼梯与现浇楼板无梯梁连接时，以楼梯的最后一个踏步边缘加300mm 为界。

二、脚手架：

1. 外脚手架、里脚手架均按搭设长度乘以搭设高度以“m^2”计算，不扣除门窗洞口及穿过建筑物的管道等所占的面积。

2. 砌筑工程高度在3.6m 以内者按里脚手架计算，高度在3.6m 以上者，按外脚手架计算。独立柱按设计图示尺寸以结构外围周长另加3.6m 乘以高度计算。

3. 满堂脚手架按搭设的水平投影面积以“m^2”计算，不扣除垛、柱所占的面积。满堂脚手架高度从设计地坪至施工顶面计算，高度在3.6m 至5.2m 时按基本层计算，高度超过5.2m 时，每增加1.2m 计算一个增加层，不足0.6m 按增加一个增加层乘以0.5 计算。

4. 挑脚手架按搭设长度乘以搭设层数以延长米计算。

5. 悬空脚手架按搭设的水平投影面积以“m^2”计算。

三、卸载支撑、挡土板：

1. 砖砌体加固卸载支撑按卸载部位以“处”计，梁加固卸载支撑以卸载梁“端头”个数计，柱加固卸载支撑以卸载柱“根”数计。本定额不包含支撑拆卸方案设计、安全检测费及措施费用，发生时按办理签证计取。

2. 挡土板面积按两侧挡土板面积之和以“m^2”计算，如一侧支挡土板时，按一侧的面积计算工程量，定额按说明规定进行调整。

一、模板及支架

工作内容：模板及支撑制作、安装、拆除、堆放、运输及清理模内杂物、回库维修、刷隔离剂等。

计量单位：100m²

定额编号				8-1	8-2	8-3	8-4	8-5
项目				垫层	独立基础		带形基础	
				复合模板	组合钢模板	复合模板	组合钢模板	复合模板
名称			单位	消耗量				
人工	合计工日		工日	14.423	23.752	21.666	22.683	21.474
	其中	普工	工日	4.327	7.126	6.499	6.805	6.442
		一般技工	工日	8.654	14.251	13.000	13.610	12.884
		高级技工	工日	1.442	2.375	2.167	2.268	2.148
材料	硬塑料管 $\phi20$		m	—	—	—	—	52.972
	组合钢模板		kg	—	69.660	—	73.830	—
	复合模板		m²	26.912	—	26.912	—	26.912
	钢支撑及配件		kg	—	—	—	48.530	48.530
	板枋材		m³	0.722	0.095	0.254	0.014	0.208
	木支撑		m³	—	0.645	0.645	0.423	0.423
	零星卡具		kg	—	25.890	—	36.990	—
	圆钉		kg	1.837	12.720	12.720	4.200	0.528
	钢筋(综合)		kg	86.518	—	—	—	—
	镀锌铁丝 $\phi0.7$		kg	0.180	0.180	0.180	0.180	0.180
	镀锌铁丝 $\phi4.0$		kg	—	51.990	—	66.090	—
	铁件(综合)		kg	—	—	—	14.724	14.869
	隔离剂		kg	10.000	10.000	10.000	10.000	10.000
	预拌水泥砂浆		m³	0.012	0.012	0.012	0.012	0.012
	塑料粘胶带 20mm×50m		卷	—	—	4.000	—	5.000
	对拉螺栓		kg	—	—	—	—	6.477
机械	木工圆锯机 500mm		台班	0.040	0.069	0.069	0.040	0.040
	干混砂浆罐式搅拌机		台班	0.001	0.001	0.001	0.001	0.001
	载重汽车 5t		台班	0.172	0.287	0.172	0.478	0.287

工作内容：模板及支撑制作、安装、拆除、堆放、运输及清理模内杂物、回库维修、刷隔离剂等。

计量单位：100m²

定额编号			8-6	8-7	8-8	8-9
项目			设备基础		基础截面加大	
			组合钢模板	复合模板	组合钢模板	复合模板
名称		单位	消耗量			
人工	合计工日	工日	33.982	36.714	28.502	25.999
	其中：普工	工日	10.194	11.015	8.551	7.799
	一般技工	工日	20.390	22.028	17.101	15.600
	高级技工	工日	3.398	3.671	2.850	2.600
材料	组合钢模板	kg	68.530	—	76.630	—
	复合模板	m²	—	26.912	—	29.600
	板枋材	m³	0.120	0.254	0.105	0.279
	木支撑	m³	0.109	0.109	0.710	0.710
	零星卡具	kg	42.950	—	28.500	—
	圆钉	kg	6.640	0.647	12.720	12.720
	镀锌铁丝 $\phi4.0$	kg	19.050	—	51.990	—
	隔离剂	kg	10.000	10.000	11.000	11.000
	预拌水泥砂浆	m³	—	—	0.012	0.012
	镀锌铁丝 $\phi0.7$	kg	—	—	0.180	0.180
	钢支撑及配件	kg	27.980	27.980	—	—
	塑料粘胶带 20mm×50m	卷	—	4.000	—	4.000
机械	木工圆锯机 500mm	台班	0.040	0.040	0.076	0.076
	干混砂浆罐式搅拌机	台班	—	—	0.001	0.001
	载重汽车 5t	台班	0.334	0.200	0.315	0.220

工作内容：模板及支撑制作、安装、拆除、堆放、运输及清理模内杂物、回库维修、刷隔离剂等。

计量单位：100m²

定额编号			8-10	8-11	8-12	8-13	8-14	8-15	8-16
项目			矩形柱		异形柱		圆形柱	构造柱	
			组合钢模板	复合模板	组合钢模板	复合模板		组合钢模板	复合模板
名称		单位	消耗量						
人工	合计工日	工日	27.337	25.723	48.312	36.423	57.887	20.103	18.523
	其中：普工	工日	8.201	7.716	14.494	10.927	17.365	6.031	5.556
	一般技工	工日	16.402	15.434	28.987	21.854	34.733	12.062	11.114
	高级技工	工日	2.734	2.573	4.831	3.642	5.789	2.010	1.853
材料	组合钢模板	kg	78.090	—	77.140	—	—	78.090	—
	复合模板	m²	—	26.912	—	30.629	30.629	—	26.912
	板枋材	m³	0.066	0.372	0.083	0.480	0.480	0.066	0.386
	钢支撑及配件	kg	45.485	45.484	59.530	59.530	59.530	45.484	45.485
	木支撑	m³	0.182	0.182	—	—	—	0.182	0.182
	零星卡具	kg	66.740	—	27.940	—	—	66.740	—
	圆钉	kg	1.800	0.982	13.860	1.220	1.220	1.800	0.983
	隔离剂	kg	10.000	10.000	10.000	10.000	10.000	10.000	10.000
	硬塑料管 $\phi20$	m	—	117.766	—	117.766	147.602	—	—
	塑料粘胶带 20mm×50m	卷	—	2.500	—	2.500	3.000	—	2.500
	对拉螺栓	kg	—	19.013	—	19.013	24.307	—	—
机械	木工圆锯机 500mm	台班	0.059	0.059	0.059	0.059	0.059	0.059	0.059
	载重汽车 5t	台班	0.371	0.222	0.410	0.246	0.246	0.570	0.342

工作内容：模板及支撑制作、安装、拆除、堆放、运输及清理模内杂物、回库维修、刷隔离剂等。

计量单位：100m²

定额编号				8-17	8-18	8-19	8-20	8-21	8-22	8-23
项目				加附墙壁柱		加附墙转角柱		柱截面加大		梁柱接头加牛腿
				组合钢模板	复合模板	组合钢模板	复合模板	组合钢模板	复合模板	
名称			单位	消耗量						
人工	合计工日		工日	51.680	36.423	53.255	37.517	54.850	38.640	64.320
	其中	普工	工日	15.500	10.927	16.000	11.255	16.480	11.590	12.880
		一般技工	工日	31.010	21.854	31.930	22.510	32.890	23.190	43.720
		高级技工	工日	5.170	3.642	5.325	3.752	5.480	3.860	7.720
材料	组合钢模板		kg	79.500	—	81.900	—	84.400	—	—
	钢支撑及配件		kg	61.320	61.320	63.160	63.160	65.000	65.000	71.000
	隔离剂		kg	11.000	11.000	11.000	11.000	12.000	12.000	12.000
	复合模板		m^2	—	31.550	—	32.500	—	33.500	36.000
	板枋材		m^3	0.085	0.494	0.087	0.509	0.090	0.524	0.540
	零星卡具		kg	27.940	—	28.200	—	28.700	—	—
	圆钉		kg	13.860	1.220	13.860	1.220	13.860	1.220	1.220
	硬塑料管 φ20		m	—	117.766	—	117.766	—	117.766	128.000
	塑料粘胶带 20mm × 50m		卷	—	2.500	—	2.500	—	2.500	3.000
	对拉螺栓		kg	—	19.600	—	19.600	—	20.200	24.307
机械	木工圆锯机 500mm		台班	0.060	0.060	0.062	0.062	0.064	0.064	0.066
	载重汽车 5t		台班	0.422	0.253	0.520	0.312	0.534	0.320	0.343

工作内容：模板及支撑制作、安装、拆除、堆放、运输及清理模内杂物、回库维修、刷隔离剂等。

计量单位：100m²

定额编号			8-24	8-25	8-26	8-27	8-28	8-29	8-30	8-31
项目			基础梁		矩形梁		异形梁		圈梁	
			组合钢模板	复合模板	组合钢模板	复合模板		木模板	组合钢模板	复合模板
名称		单位	消耗量							
人工	合计工日	工日	23.137	20.812	25.462	21.894	24.631	49.033	27.080	27.001
其中	普工	工日	6.941	6.244	7.639	6.568	7.389	14.710	8.124	8.101
	一般技工	工日	13.882	12.487	15.277	13.136	14.778	29.420	16.248	16.200
	高级技工	工日	2.314	2.081	2.546	2.190	2.464	4.903	2.708	2.700
材料	组合钢模板	kg	76.670	—	77.340	—	—	—	76.500	—
	复合模板	m²	—	26.912	—	26.912	26.912	—	—	26.912
	板枋材	m³	0.043	0.447	0.017	0.447	0.447	0.091	0.014	0.622
	钢支撑及配件	kg	—	—	69.480	69.480	69.480	69.480	8.290	8.290
	木支撑	m³	0.281	0.281	0.029	0.029	0.029	0.029	0.029	0.029
	零星卡具	kg	31.820	—	41.100	—	—	—	41.100	—
	梁卡具 模板用	kg	17.150	17.150	26.190	—	—	—	—	—
	圆钉	kg	21.920	1.224	0.470	1.224	1.224	29.570	0.470	1.582
	隔离剂	kg	10.000	10.000	10.000	10.000	10.000	10.000	10.000	10.000
	预拌水泥砂浆	m³	0.012	0.012	0.012	0.012	0.012	0.003	0.003	0.003
	镀锌铁丝 φ0.7	kg	0.180	0.180	0.180	0.180	0.180	0.180	0.180	0.180
	镀锌铁丝 φ4.0	kg	17.220	—	—	—	—	—	16.070	—
	模板嵌缝料	kg	—	—	—	—	—	10.000	—	—
	硬塑料管 φ20	m	—	52.930	—	14.193	14.193	—	—	—
	塑料粘胶带 20mm×50m	卷	—	4.500	—	4.500	4.500	—	—	4.500
	对拉螺栓	kg	—	6.477	—	5.794	5.794	—	—	—
机械	木工圆锯机 500mm	台班	0.040	0.040	0.040	0.040	0.043	0.885	0.010	0.010
	干混砂浆罐式搅拌机	台班	0.001	0.001	0.001	0.001	0.001	—	—	—
	载重汽车 5t	台班	0.377	0.226	0.642	0.385	0.385	0.385	0.378	0.226

工作内容：模板及支撑制作、安装、拆除、堆放、运输及清理模内杂物、回库维修、刷隔离剂等。

计量单位：100m²

定额编号			8-32	8-33	8-34	8-35	8-36	8-37	8-38
项目			过梁		拱形梁	弧形梁	斜梁	梁截面加大	
			组合钢模板	复合模板	木模板		复合模板	组合钢模板	复合模板
名称		单位	消耗量						
人工	合计工日	工日	46.092	37.420	57.860	66.993	34.907	33.101	28.462
	其中 普工	工日	13.828	11.226	17.358	20.099	10.471	9.931	8.538
	其中 一般技工	工日	27.655	22.452	34.716	40.195	20.945	19.860	17.077
	其中 高级技工	工日	4.609	3.742	5.786	6.699	3.491	3.310	2.847
材料	组合钢模板	kg	73.800	—	—	—	—	80.000	—
	复合模板	m^2	—	26.912	—	—	26.912	—	27.700
	板枋材	m^3	0.193	0.601	1.993	1.183	0.447	0.018	0.460
	钢支撑及配件	kg	69.480	69.480	69.480	69.480	69.480	71.560	71.560
	木支撑	m^3	0.029	0.029	0.029	0.029	0.029	0.030	0.030
	零星卡具	kg	12.020	—	—	—	—	42.330	—
	梁卡具 模板用	kg	—	—	—	—	—	27.000	—
	圆钉	kg	0.470	1.528	14.210	41.769	1.138	0.470	1.224
	隔离剂	kg	10.000	10.000	10.000	10.000	10.000	11.000	11.000
	预拌水泥砂浆	m^3	0.012	0.012	0.012	0.012	0.012	0.013	0.013
	镀锌铁丝 ϕ0.7	kg	0.180	0.180	0.180	0.180	0.180	0.180	0.180
	镀锌铁丝 ϕ4.0	kg	12.040	—	26.700	33.210	—	—	—
	模板嵌缝料	kg	—	—	10.000	10.000	—	—	—
	硬塑料管 ϕ20	m	—	—	—	—	14.193	—	14.193
	塑料粘胶带 20mm×50m	卷	—	4.500	—	—	4.000	—	4.500
	对拉螺栓	kg	—	—	—	—	5.794	—	5.970
机械	木工圆锯机 500mm	台班	0.189	0.189	0.357	1.227	0.040	0.041	0.041
	干混砂浆罐式搅拌机	台班	0.001	0.001	0.001	0.001	0.001	0.001	0.001
	载重汽车 5t	台班	0.466	0.279	0.206	0.122	0.279	0.582	0.349

工作内容：模板及支撑制作、安装、拆除、堆放、运输及清理模内杂物、回库维修、刷隔离剂等。

计量单位：100m²

定额编号			8-39	8-40	8-41	8-42	8-43	8-44
项目			直形墙		弧形墙		砖(混凝土)墙面包混凝土	
			组合钢模板	复合模板	组合钢模板	木模板	组合钢模板	复合模板
名称		单位	消耗量					
人工	合计工日	工日	22.864	20.263	32.806	41.444	25.151	22.290
人工	其中 普工	工日	6.860	6.078	9.842	12.432	7.546	6.686
人工	其中 一般技工	工日	13.718	12.158	19.683	24.867	15.090	13.374
人工	其中 高级技工	工日	2.286	2.027	3.281	4.145	2.515	2.230
材料	组合钢模板	kg	71.830	—	71.830	—	74.000	—
材料	复合模板	m²	—	26.912	—	—	—	27.720
材料	板枋材	m³	0.029	0.632	0.029	1.828	0.030	0.651
材料	钢支撑及配件	kg	24.580	24.580	24.580	24.580	25.320	25.320
材料	木支撑	m³	0.016	0.016	0.016	0.016	0.016	0.016
材料	零星卡具	kg	44.030	—	41.110	—	46.000	—
材料	圆钉	kg	0.550	1.609	0.550	28.740	0.550	1.609
材料	铁件(综合)	kg	3.540	3.540	3.540	3.540	3.540	3.540
材料	隔离剂	kg	10.000	10.000	10.000	10.000	11.000	11.000
材料	模板嵌缝料	kg	—	—	—	10.000	—	—
材料	硬塑料管 ϕ20	m	—	123.040	—	—	—	123.040
材料	塑料粘胶带 20mm×50m	卷	—	4.000	—	—	—	4.000
材料	对拉螺栓	kg	—	50.184	—	—	—	51.700
机械	木工圆锯机 500mm	台班	0.010	0.010	0.010	0.846	0.010	0.010
机械	载重汽车 5t	台班	0.421	0.252	0.420	0.252	0.435	0.261

工作内容：模板及支撑制作、安装、拆除、堆放、运输及清理模内杂物、回库维修、刷隔离剂等。

计量单位：100m²

定额编号			8-45	8-46	8-47	8-48	8-49	8-50	8-51	8-52
项目			有梁板		无梁板		平板		斜板、坡屋面板	
			组合钢模板	复合模板	组合钢模板	复合模板	组合钢模板	复合模板	组合钢模板	复合模板
	名称	单位	消耗量							
人工	合计工日	工日	20.628	25.179	14.962	21.612	17.351	23.312	18.606	23.637
其中	普工	工日	6.188	7.554	4.489	6.484	5.206	6.994	5.581	7.091
	一般技工	工日	12.377	15.107	8.977	12.967	10.410	13.986	11.164	14.182
	高级技工	工日	2.063	2.518	1.496	2.161	1.735	2.332	1.861	2.364
材料	组合钢模板	kg	72.050	—	56.710	—	68.280	—	68.280	—
	复合模板	m²	—	26.912	—	26.912	—	26.912	—	30.629
	板枋材	m³	0.066	0.452	0.182	0.452	0.051	0.452	0.051	0.452
	钢支撑及配件	kg	58.040	58.040	34.750	34.750	48.010	48.010	48.010	48.010
	梁卡具 模板用	kg	5.460	—	—	—	—	—	—	—
	木支撑	m³	0.193	0.193	0.303	0.303	0.231	0.231	0.231	0.231
	零星卡具	kg	32.350	—	26.090	—	27.660	—	27.660	—
	圆钉	kg	1.700	1.149	9.100	1.149	1.790	1.149	1.790	1.149
	隔离剂	kg	10.000	10.000	10.000	10.000	10.000	10.000	10.000	10.000
	预拌水泥砂浆	m³	0.007	0.007	0.003	0.003	0.003	0.033	0.003	0.033
	镀锌铁丝 φ0.7	kg	0.180	0.180	0.180	0.180	0.180	0.180	0.180	0.180
	镀锌铁丝 φ4.0	kg	22.140	—	—	—	—	—	—	—
	塑料粘胶带 20mm×50m	卷	—	4.000	—	4.000	—	4.000	—	5.000
机械	木工圆锯机 500mm	台班	0.040	0.040	0.248	0.248	0.090	0.090	0.090	0.090
	干混砂浆罐式搅拌机	台班	0.001	0.001	—	—	—	0.003	—	0.003
	载重汽车 5t	台班	0.486	0.291	0.351	0.210	0.432	0.259	0.432	0.259

工作内容：模板及支撑制作、安装、拆除、堆放、运输及清理模内杂物、回库维修、刷隔离剂等。

定额编号			8-53	8-54	8-55	8-56	8-57	8-58	8-59	8-60	8-61
项目			拱板	栏板	雨篷板	悬挑板	阳台板	楼梯	挑檐、天沟	压顶	小型构件
			复合模板								
计量单位			100m²		100m²(水平投影面积)				100m²		
	名称	单位	消耗量								
人工	合计工日	工日	22.011	32.579	43.578	37.947	46.923	77.893	38.366	29.469	39.069
其中	普工	工日	6.604	9.774	13.073	11.384	14.076	23.369	11.510	8.840	11.720
	一般技工	工日	13.206	19.547	26.147	22.769	28.155	46.735	23.020	17.682	23.442
	高级技工	工日	2.201	3.258	4.358	3.794	4.692	7.789	3.836	2.947	3.907
材料	复合模板	m²	30.629	30.629	45.002	32.294	53.110	52.719	30.629	11.303	35.826
	板枋材	m³	0.621	0.670	0.755	0.542	0.783	0.946	0.452	0.106	0.452
	钢支撑及配件	kg	48.010	45.320	69.550	69.550	65.360	65.360	76.950	—	—
	木支撑	m³	0.231	—	—	—	—	—	—	0.423	0.500
	圆钉	kg	1.579	1.705	1.922	1.379	1.993	2.408	1.490	0.633	1.150
	隔离剂	kg	10.000	10.000	17.340	17.340	17.340	19.590	10.000	3.300	10.000
	铁件(综合)	kg	—	—	—	—	—	—	—	—	7.970
	塑料粘胶带 20mm×50m	卷	5.000	4.400	6.000	5.000	6.800	7.000	4.000	2.500	4.000
机械	木工圆锯机 500mm	台班	0.090	0.168	0.090	0.090	0.090	0.054	3.875	0.010	0.974
	载重汽车 5t	台班	0.331	0.331	0.486	0.348	0.574	0.569	0.331	0.122	0.387

工作内容：支撑制作、安装、拆除、堆放、运输及清理杂物、回库维修、刷隔离剂等。 计量单位：100m²

定额编号				8-62	8-63	8-64	8-65
项目				支撑高度超过3.6m每超过1m			
				柱	墙	梁	板
名称			单位	消耗量			
人工	合计工日		工日	3.303	3.303	3.447	3.520
	其中	普工	工日	0.991	0.991	1.034	1.056
		一般技工	工日	1.982	1.982	2.069	2.112
		高级技工	工日	0.330	0.330	0.344	0.352
材料	钢支撑及配件		kg	3.337	1.850	11.881	10.320
	木支撑		m³	0.021	0.001	—	—
机械	载重汽车 5t		台班	0.050	0.050	0.200	0.200

二、脚　手　架

工作内容：1. 场内、场外材料搬运；

2. 搭、拆脚手架、挡脚板、上下翻板子；

3. 拆除脚手架后材料的堆放。

计量单位：100m²

定额编号				8-66	8-67	8-68	8-69
项目				外脚手架			
				单排	双排		
				≤15m		≤24m	≤30m
名称			单位	消耗量			
人工	合计工日		工日	6.626	8.358	9.598	10.417
	其中	普工	工日	1.988	2.507	2.879	3.125
		一般技工	工日	3.976	5.015	5.759	6.250
		高级技工	工日	0.662	0.836	0.960	1.042
材料	脚手架钢管		kg	41.524	57.694	64.147	74.172
	扣件		个	16.844	24.031	26.291	31.401
	木脚手板		m³	0.098	0.107	0.118	0.145
	脚手架钢管底座		个	0.213	0.217	0.227	0.229
	镀锌铁丝 φ4.0		kg	8.616	9.238	9.022	10.200
	圆钉		kg	1.084	1.237	1.316	1.384
	红丹防锈漆		kg	3.987	5.354	6.340	7.334
	油漆溶剂油		kg	0.337	0.488	0.512	0.640
	缆风绳 φ8		kg	0.193	0.193	0.215	0.870
	原木		m³	0.003	0.003	0.002	0.003
	垫木 60×60×60		块	1.796	1.796	1.835	1.864
	防滑木条		m³	0.001	0.001	0.001	0.001
	挡脚板		m³	0.007	0.007	0.007	0.007
机械	载重汽车 6t		台班	0.144	0.185	0.196	0.196

工作内容:1. 场内、场外材料搬运;
2. 搭、拆脚手架、挡脚板、上下翻板子;
3. 拆除脚手架后材料的堆放。

定额编号			8-70	8-71	8-72	8-73	8-74
项目			里脚手架	满堂脚手架		悬空脚手架	挑脚手架
				基本层(3.6m~5.2m)	增加层(1.2m)		
计量单位			100m²				100m
名称		单位	消耗量				
人工	合计工日	工日	3.867	8.661	1.862	4.272	23.801
	其中 普工	工日	1.160	2.598	0.559	1.282	7.141
	一般技工	工日	2.321	5.197	1.117	2.563	14.280
	高级技工	工日	0.386	0.866	0.186	0.427	2.380
材料	脚手架钢管	kg	0.904	7.561	2.520	1.723	1.833
	扣件	个	0.337	2.938	0.980	0.321	3.414
	脚手架钢管底座	个	—	0.155	—	—	—
	木脚手板	m³	0.008	0.065	—	0.010	0.008
	红丹防锈漆	kg	0.077	0.642	0.215	0.144	0.174
	油漆溶剂油	kg	0.015	0.073	0.025	0.010	0.005
	镀锌铁丝 ϕ4.0	kg	0.612	29.335	—	2.101	5.386
	挡脚板	m³	—	0.002	—	—	—
	圆钉	kg	2.040	2.846	—	—	—
机械	载重汽车 6t	台班	0.127	0.318	0.050	0.187	0.196

三、卸载支撑、挡土板

工作内容:1. 场内、场外材料搬运;
2. 搭、拆支撑;
3. 拆除支撑后材料的堆放。

定额编号			8-75	8-76	8-77	8-78	8-79	8-80
项目			砖砌体加固卸载支撑	梁加固卸载支撑	柱加固卸载支撑(承受上部荷载层数)			
					≤3层	≤6层	≤9层	>9层
计量单位			处	端头	根			
名称		单位	消耗量					
人工	合计工日	工日	2.288	2.840	6.240	9.200	15.680	18.960
	其中 普工	工日	0.448	0.552	1.200	2.000	3.200	3.760
	一般技工	工日	1.564	1.945	4.284	6.120	10.608	12.920
	高级技工	工日	0.276	0.343	0.756	1.080	1.872	2.280
材料	板枋材	m³	0.020	0.010	0.020	0.030	0.040	0.040
	钢脚手直角扣件	个	1.250	0.680	2.700	5.000	7.000	8.200
	脚手架钢管	kg	4.170	2.170	8.800	6.500	6.000	5.900
	型钢(综合)	kg	5.600	3.000	15.000	20.000	27.000	36.000
	电	kW·h	53.060	56.120	105.100	158.160	206.120	363.270
	其他材料费	%	1.000	1.000	1.000	1.000	1.000	1.000

工作内容:1. 场内、场外材料搬运;
2. 搭、拆挡土板;
3. 拆除挡土板后材料的堆放。

计量单位:10m²

定额编号			8-81	8-82	8-83	8-84
项目			木挡土板			
			密撑		疏撑	
			木支撑	钢支撑	木支撑	钢支撑
	名称	单位	消耗量			
人工	合计工日	工日	2.140	1.650	1.660	1.270
	普工	工日	2.140	1.650	1.660	1.270
材料	杉原木(综合)	m^3	0.020	—	0.020	—
	板枋材	m^3	0.050	0.050	0.030	0.030
	钢支撑及配件	kg	—	3.490	—	3.490
	抓钉	kg	—	—	0.830	0.830
	其他材料费	%	1.000	1.000	1.000	1.000

工作内容:1. 场内、场外材料搬运;
2. 搭、拆挡土板;
3. 拆除挡土板后材料的堆放。

计量单位:10m²

定额编号			8-85	8-86	8-87	8-88
项目			钢挡土板			
			密撑		疏撑	
			木支撑	钢支撑	木支撑	钢支撑
	名称	单位	消耗量			
人工	合计工日	工日	2.140	1.650	1.680	1.280
	普工	工日	2.140	1.650	1.680	1.280
材料	板枋材	m^3	0.010	0.010	0.010	0.010
	杉原木(综合)	m^3	0.020	—	0.020	—
	标准砖 240×115×53	千块	—	—	0.020	0.020
	钢支撑及配件	kg	—	3.490	—	3.490
	组合钢模板	kg	9.000	9.000	6.000	6.000
	其他材料费	%	1.000	1.000	1.000	1.000

主 管 单 位:四川省建设工程造价管理总站

主 编 单 位:四川华信工程造价咨询事务所有限责任公司

编 制 单 位:中国建筑西南设计研究院有限公司

四川同兴达建设咨询有限公司

中道明华建设工程项目咨询有限责任公司

四川开元工程项目管理咨询有限公司

成都鹏业软件股份有限公司

编 制 人 员:王　飞　张宗辉　包　宏　胡元琳　李　栋　明安辉　夏成刚　陈红燕　弋　理

袁春林　王莉苹　李兆睿　张廷学　罗迎熙　张贵兴　田东玲　明　针　刘世刚

邵渝梅　高青松　潘　敏　谭尊友　薛　安　陈　锐　杜　彬

审 查 专 家:胡传海　王海宏　胡晓丽　董士波　王中和　龚桂林　张　莉　胡再祥　曲艳凤

张保生　谷志华　赵维树　孙　璐　徐佩莹　张化南